Vorrede.

Der Wunsch, über astronomische Gegenstände Belehrung zu erhalten, ist jetzt so allgemein verbreitet, daß man es wohl als eine Pflicht derer, die gründliche Kenntnisse besitzen, ansehen kann, dieser Wißbegierde Genüge zu leisten. Es ist dies eine um so wichtigere Pflicht, da es leicht geschehen könnte, daß Unwissende diesen Wunsch belehrt zu werden, benutzten, um unrichtige Behauptungen oder gar ganz absurde Meinungen unter das Publikum zu bringen, und dadurch der Verbreitung nützlicher und wahrhafter Belehrungen in den Weg zu treten.

Da es hier nur meine Absicht ist, einige Fragen, die sich am ehesten darbieten, so zu beantworten, daß auch der mit Vorkenntnissen gar nicht ausgerüstete Leser sich belehrt finde; so wird man nicht erwarten, daß ich hier ein System astronomischer Belehrungen entwickele: ich wünsche vielmehr nur, durch eine ganz einfache Darstellung einzelner astronomischer Wahrheiten die Ueberzeugung zu begründen, daß es keiner tiefen Kenntnisse bedarf, um einzusehen, wie man zu den Entdeckungen gelangen konnte, die wir den Astronomen verdanken, und daß die Angaben der Astronomen Vertrauen verdienen, indem sie durch Mittel, deren Anwendbarkeit auch dem Ungelehrten einleuchtend ist, bestimmt sind. Sollten einige Leser dieser Blätter durch die hier erlangten Kenntnisse zu dem Wunsche, sich vollständiger zu belehren, geleitet werden, so finden diese in den von mir herausgegebenen Vorlesungen über die Astronomie zur Belehrung derjenigen, denen es an mathematischen Vorkenntnissen fehlt, eine ebenso populäre, aber den ganzen Umfang aller Lehren der Astronomie umfassende Darstellung dessen, was wir über die Gesetze der Bewegung der Himmelskörper und über ihre natürliche Beschaffenheit wissen.

Leipzig, im April 1834.

Der Verfasser.

Vorrede des Herausgebers.

Es war, wie aus vorstehender Vorrede erhellt, die Absicht des Verfassers, durch populäre Darstellung einiger auch für den Nichtgelehrten interessanter Sätze aus der Astronomie der weitern Verbreitung irriger Meinungen, die seit Kurzem hie und da aufgestellt worden sind, vorzugreifen, und da, wo dies nicht nöthig sein sollte auf leicht faßliche Art zu belehren. Der Kreis dieser Belehrungen war nun zwar offenbar mit den wenigen Aufsätzen astronomischen Inhalts, die ich hier liefere noch nicht geschlossen, da jedoch kein durchgreifender Zusammenhang beabsichtigt war und diese Aufsätze, auch so wie sie sind, wohl wenigstens zum Theil ihre Bestimmung erfüllen werden; so halte ich es nicht für überflüssig, sie zur Kenntniß des Publikums zu bringen, indem ich noch einige andre aus den Papieren des Verfassers gesammelte Abhandlungen über Gegenstände verwandter Gebiete beifüge.

Noch muß ich erwähnen, daß auch Einiges schon

früher gedruckte, mit aufgenommen worden ist, wie z. B. der mit: „Blicke in die Ordnung des Weltgebäudes" betitelte Aufsatz, den ich nur mit wenigen Anmerkungen, welche die durch die Länge der Zeit nöthig gewordenen Verbesserungen einzelner Angaben enthalten, begleitet habe. Wenn ich nicht irre, werden es mir die meisten Leser Dank wissen, daß ich ihnen hierdurch einige wenn auch vielleicht schon bekannte Aufschlüsse über einen jedem Menschen anziehenden Gegenstand in's Gedächtniß zurückrufe.

Leipzig, im November 1834.

Der Herausgeber.

Inhalt.

Wie hat man die Größe der Erde bestimmt?

Die ältesten Bemühungen, die Größe der Erde zu bestimmen, sind, wenn sie gleich zu keinen sehr genauen Folgerungen führten, doch am besten geeignet, einen Begriff von den Bestimmungen zu geben, die man durch künstlichere Mittel in neuerer Zeit viel genauer erhalten hat. Unter jenen frühen Bemühungen, die Größe der Erde kennen zu lernen, ist die des Eratosthenes vorzüglich bekannt. Da er wußte, daß in Syene in Ober-Aegypten die Sonne am längsten Tage Mittags genau im Scheitelpuncte stehe und ein gerade aufrecht stehender Stab nach keiner Seite einen Schatten werfe, seine Beobachtung aber zugleich ergab, daß die Sonne zu eben der Zeit in Alexandrien um $\frac{1}{50}$ des ganzen Kreises vom Scheitelpuncte abstand, so schloß er, daß die Entfernung von Syene nach Alexandrien ein Funfzigstel des ganzen Umfangs der Erde sei. Es ist dieses eine aus der Voraussetzung, daß die Erde eine Kugel sei, ganz richtig abgeleitete Folgerung. Denn da die Sonne so entfernt ist, daß die von Syene, S, (Fig. 1) und von Alexandrien, A, nach der Sonne gezogenen Linien Ss, As, keinen irgend erheblichen Winkel mit einander machen; so ist der in Alexandrien beobachtete Winkel zwischen der nach dem Scheitelpuncte gezogenen Linie AZ und der nach der Sonne gezogenen Linie As eben so groß als der Winkel ACS am Mittelpuncte der Erde, weil Ss nach dem Scheitelpuncte von Syene zu geht, und so erhellt leicht, daß AS ein Funfzigstel des Umfangs der Erde sein mußte, wenn der Winkel ZAs ein Funfzigstel des Kreis=Umfangs war. Daß indeß Eratosthenes dadurch die Größe der Erde nur oberflächlich bestimmen konnte, erhellt leicht, da theils der Punct, wo im strengsten Sinne der Mittelpunet der Sonne am Mittage des längsten Tages im Scheitelpuncte erschien, aus der einfachen Beobachtung, daß die Sonne bis auf den Boden der Brunnen schien, daß die Gegenstände keinen Schatten warfen u. s. w., nicht genau bestimmt war, und theils auch die Entfernung von Syene bis Alexandrien nicht streng ausgemessen war.

Aber was damals so unvollkommen geleistet wurde, das hat man später mit großer Genauigkeit gefunden. Unsere jetzigen Messungen der Erde beruhen auf demselben Principe, daß wir nämlich den Bogen AS auf der Erde zwischen zwei Orten messen, die genau in der Richtung von Norden nach Süden liegen und dann bestimmen, wie weit der in S im Scheitelpuncte erscheinende Sterne zu eben der Zeit in A vom Scheitelpuncte entfernt beobachtet wird. Unsere Instrumente sind dabei so genau und der Fleiß, den man auf diese Untersuchung gewandt hat, ist so groß, daß man Entfernungen von mehreren Meilen bis auf einen einzelnen Fuß genau angiebt, und da auch der astronomische Theil der Untersuchung eine große Genauigkeit mit Hülfe der jetzt so vollkommenen Instrumente gestattet; so ist es möglich geworden, die Größe der Erde genau zu bestimmen. *)

Eben die Messungen haben denn auch gelehrt, daß die Erde keine ganz genaue Kugel ist, sondern vom Nordpole zum Südpole einen ungefähr um $\frac{1}{300}$ geringern Durchmesser hat, als der Durchmesser des Aequators ist.

*) Vgl. Vorlesungen über die Astronomie Th. I. Seite 29 und folgende.

Wie hat man die Entfernung des Mondes von der Erde bestimmt?

Es ist bekannt, daß die Sonnenfinsternisse dadurch entstehen, daß der Mond vor der Sonne vorbeigeht. Wir sehen den Mond als einen kugelförmigen Körper oder dem Anschein nach als eine kreisförmige Scheibe von der Westseite her in die Sonne eintreten, diese nach und nach mehr und in einzelnen Fällen gänzlich bedecken und so vor der Sonne vorbei rückend an der Ostseite der Sonne wieder austreten. Diese Erscheinung ist nicht an allen Orten auf der Erde gleich, sondern es ist bei jeder Sonnenfinsterniß der Fall, daß sie am einen Orte sich größer zeigt, daß an diesem Orte nämlich ein bedeutenderer Theil der Sonne verdeckt wird, während am andern Orte die Verfinsterung geringe ist, ja auch wohl gar nicht statt findet.

Diese Verschiedenheit der Erscheinungen giebt uns den Beweis für die verhältnißmäßig nicht sehr große Entfernung des Mondes von der Erde und dient uns, diese Entfernung zu berechnen.

Um von dieser Verschiedenheit ein Beispiel zu geben, mag uns die Sonnenfinsterniß am 7. Sept. 1820 dienen, die in Leipzig ringförmig war. Diese Finsterniß erschien in demselben Augenblicke in Leipzig ringförmig, das heißt, der Mittelpunct des Mondes stand beinahe genau vor dem Mittelpuncte der Sonne, als an der Küste von Guinea in Africa nur ein ganz kleiner Theil des nördlichen Sonnenrandes noch vom Monde bedeckt wurde.

Für eine Entfernung von reichlich 600 Meilen ergab sich also eine Verschiedenheit in der Stellung des Mondes gegen die Sonne, die etwa einen halben Grad betrug; denn während in Leipzig der Mittelpunct des Mondes ziemlich genau vor dem Mittelpuncte der Sonne stand, hätte man an jener Africanischen Küste den Mittelpunct des Mondes fast um einen ganzen Mondhalbmesser vom Rande der Sonne entfernt gesehn, wenn er dort, neben der Sonne hätte erkannt werden können; der halbe Sonnendurchmesser aber und der halbe Monddurchmesser zusammengenommen betragen ungefähr einen halben Grad. Zeichnet man nun nach richtigen Verhältnißen eine Figur, worin der Winkel **M** (Fig. 2) eben so wie Winkel **G** einen halben Grad beträgt, **L G** die Abstandslinie von Leipzig nach der Küste von Guinea ist und **M L** den richtigen Winkel mit **L G** macht, den man nach dem damaligen Stande der Sonne bestimmen müßte; so findet man **L M** etwa 80 mal so groß, als **L G** und folglich die Entfernung des Mondes von der Erde etwa 50000 Meilen.

Es läßt sich leicht übersehen, daß diese hier nur ganz oberflächlich an eine Zeichnung geknüpfte Folgerung eine genauere Bestimmung zuläßt, und Niemand wird es nun für unmöglich halten, die Entfernung des Mondes mit sehr großer Genauigkeit zu bestimmen. Zu dieser Bestimmung bietet sich die Gelegenheit noch viel öfter dar, als es durch die Sonnenfinsternisse der Fall ist. Der Mond bedeckt sehr oft Sterne und indem man an verschiednen Orten, deren Lage gegen einander und deren Entfernungen von einander man kennt, diese Sternbedeckungen beobachtet, lernt man, fast eben so wie bei Sonnenfinsternissen, die Parallaxe des Mondes, das heißt, die durch Aenderung des Standpunctes auf der Erde bewirkten Aenderungen in der scheinbaren Stellung des Mondes, kennen, und ist daraus im Stande, die Entfernung des Mondes zu berechnen. *)

Man kann daran die umgekehrte Betrachtung knüpfen. Hat man aus zahlreichen Beobachtungen die Entfernung des Mondes bestimmt und kennt diese für irgend einen festgesetzten Zeitpunct; so kann man aus der Beobachtung des Mondes umgekehrt finden, wie viel die Entfernung L G auf der Erde beträgt, wenn man gleichzeitig an zwei Orten L und G den Mond beobachtet. Hieraus läßt sich, obenhin wenigstens einsehen, wie der Schiffer mit Hülfe des Mondes den Ort bestimmt, wo er sich eben jetzt befindet. Sein Calender giebt ihm nämlich genau die Stellung des Mondes für einen bekannten Ort, London zum Beispiel, an **), und aus der Stellung, die der Schiffer nun selbst beobachtet, leitet er ab, wie weit er von jenem Orte entfernt ist. — —

*) Vgl. Vorlesungen üb. die Astronomie Th. I. S. 84 u. ff.

**) Eigentl. den geocentrischen Ort, woraus aber jener sich bestimmen ließe.

Warum fallen die Sonnenfinsternisse und Mondfinsternisse jedes Jahres in zwei entgegengesetzte Jahreszeiten?

Wenn man den Calender aufschlägt, so findet man zum Beispiel im Jahre 1834, daß im Januar eine Sonnenfinsterniß sogleich auf die im vorigen December bei uns so schön sichtbare Mondfinsterniß folgte; daß dann bis zum Juni keine Finsterniß, dann aber kurz nach einander eine Sonnenfinsterniß und eine Mondfinsterniß eintritt, und daß nach einem Zwischenraume von fast einem halben Jahre sich wieder zwei Finsternisse ereignen. Eben dies, daß die Finsternisse immer in Zwischenräumen von reichlich 5 Monaten, dann aber mehrere schnell nach einander erfolgen, bemerkt man in den Calendern aller Jahre.

Um den Grund davon einzusehen, wollen wir den Mond öfter zu andern Zeiten beobachten und dies am liebsten in den Monaten, die einer Mondfinsterniß vorausgehen. Als Beispiel nehme ich die Erscheinungen, wie sie für das Jahr 1834 passen; wir haben dann am 17. Sept. Vollmond. Der Mond steht dann im Sternbilde des Wassermannes und wenn man seine Stellung unter den Sternen genau wahrnimmt und diese in den Sterncharten aufsucht, so findet man ihn sehr erheblich, 5 ganze Grade von der Linie entfernt, die in den Sterncharten Ecliptik heißt und den Weg bezeichnet, den wir die Sonne zwischen den Sternen würden durchlaufen sehn, wenn wir so nahe bei der Sonne Sterne sehen könnten. Beim Vollmonde steht der Mond allerdings der Sonne gegenüber, aber der Raum, auf den der Schatten der Erde fällt, ist nur sehr klein und der Mond müßte sehr nahe an der Ecliptik stehen, wenn er von diesem Schatten getroffen werden sollte; wir haben also im September keine Mondfinsterniß. Nicht viel anders ist es beim nächsten Vollmonde am 17. October. Der Mond rückt am 17. Oct. auf das Sternbild des Widders zu, aber steht auch jetzt wieder zu weit von der Ecliptik ab (etwa 4° südlich), um vom Schatten der Erde getroffen zu werden. Bei dem Vollmonde im November sehn wir am 16. Nov. den Mond unter dem Siebengestirn. Die Sterncharten zeigen, wenn man die genaue Stellung unter den Sternen aufsucht, daß er zwar nicht so weit wie bei den frühern Vollmonden von der Ecliptik entfernt ist, aber doch auch dieß Mal der Ecliptik nicht nahe genug ist, sondern außerhalb des Erdschattens vorbei geht. Am 14. December dagegen, kurz vor dem Vollmonde, finden wir ihn auf der Stirn des Stieres nur noch ganz wenig von der Ecliptik entfernt, am 15. December durchschneidet er die Ecliptik und dieses geschieht sehr nahe um die Zeit, wo es Vollmond ist;

— dann steht er beim Vollmonde der Sonne so genau gegenüber, daß der Schatten der Erde auf den Mond fällt.

Diese Zusammenstellung ergiebt also die Regel, daß wir eine Mondfinsterniß haben, sobald der Vollmond dann eintritt, wenn der Mond die Ecliptik durchschneidet oder, wie man es auszudrücken gewohnt ist, wenn er zugleich im Knoten seiner Bahn ist. Dieser Knoten, der für diesen Fall ungefähr da liegt, wo die Sterncharten die Hörner des Stieres angeben, wird von ihm am 22. October fünf Tage nach dem Vollmonde, am 18. Nov. zwei Tage nach dem Vollmonde, am 15. December dagegen am Vollmondstage selbst erreicht, und dieser Tag ist daher der Tag einer Mondfinsterniß.

Setzt man so die Achtsamkeit auf die Stellungen des Mondes fort, so sieht man, daß bei den folgenden Vollmonden die Entfernung von der Ecliptik wieder zu groß und erst gegen die Mitte des nächsten Jahres klein genug ist, um Mondfinsternisse zu gestatten. Bliebe der Knoten immer genau bei denselben Sternen, so würden die Mondfinsternisse immer in den December oder in den Juni fallen; aber wer durch das ganze Jahr 1834 die Tage genau beachtet, wo der Mond von den Hörnern des Stieres zu den Füßen der Zwillinge fortgeht, kann schon in diesem einen Jahre wahrnehmen, daß der Durchschnittspunct der Mondbahn mit der Ecliptik im Januar 1834 in den Füßen der Zwillinge lag, aber nach und nach in den Kopf des Stiers rückte. Da nun der Decembervollmond immer ungefähr dann eintritt, wenn der Mond in diesen Sternbildern sich befindet, der Knoten dagegen ziemlich schnell von dieser Gegend fortrückt, so ist nicht bei jedem Decembervollmonde eine Mondfinsterniß, sondern die Mondfinsternisse gehen in den folgenden Jahren in den November, den October u. s. w. über.

Dies alles bezog sich auf den einen Knoten oder Durchschnittspunct; der andere liegt ihm gerade gegen über und giebt Veranlassung zu Mondfinsternissen in der entgegengesetzten Jahreszeit.

Ueber die Sonnenfinsternisse lassen sich genau eben solche Betrachtungen anstellen. *) Das was hier erwähnt worden ist, reicht aber gewiß hin, um zu zeigen, daß schon eine mäßige Aufmerksamkeit auf die Erscheinungen des Himmels zureicht, um die Hauptbestimmung, wenn ungefähr Finsternisse eintreten können, zu finden. Die genaue Berechnung der Stunde und Minute, wo die Finsterniß eintritt, die genaue Angabe der Größe der Sonnenfinsternisse an jedem Orte u. s. w. erfordert freilich eine sehr genaue Kenntniß von allen Umständen der Bewegung des Mondes, und das genaue Zutreffen der vorausberechneten Bestimmung mit der Erscheinung selbst ist der sicherste Beweis für die Richtigkeit der astronomischen Kenntnisse, die bei diesen Berechnungen zum Grunde liegen.

---

*) Vgl. Vorlesungen über die Astronomie. Thl. I. S. 77

Wodurch bestimmte Kepler die Bahn des Mars und seine Entfernung von der Erde und von der Sonne.

Keplers Name ist auch denen, die sich nicht mit astronomischen Untersuchungen beschäftigt haben, bekannt. Um sein Verdienst ganz zu würdigen, muß man sich genauer mit den fast unübersehbaren Rechnungen bekannt machen, die er, um die Bahnen der Planeten genauer kennen zu lernen, ausführte; aber selbst der, dem diese genauere Untersuchung der Arbeiten Keplers nicht möglich ist, kann sich von dem Zwecke derselben und von den Resultaten, zu denen er gelangte, gar wohl einen Begriff machen.

Copernicus hatte bewiesen, daß die Erde ebenso wie die Planeten um die Sonne laufe; man wußte auch, daß die Sonne nicht im genauen Mittelpuncte der Planetenbahnen stände, sondern daß jeder Planet in einer gewißen Gegend seiner Bahn am weitesten von der Sonne, in der gerade entgegensetzten Gegend der Bahn ihr am nächsten sei. Aber obgleich durch diese Kenntnisse soviel gewonnen war, daß man wenigstens die wichtigsten Umstände der scheinbaren Bewegung der Planeten richtig beurtheilen konnte, so fehlte doch noch viel an einer genauen Bestimmung.

Insbesondere zeigte sich, um Keplers scherzhaften Ausdruck zu gebrauchen, Mars am widerspenstigsten und, wenn man ihn in den Regeln der Tafeln und Vorausberechnungen gefesselt zu haben glaubte, immer geneigt, durch neue Kriegslisten diese Fesseln zu zerbrechen und sich von der ihm angewiesenen Bahn zu entfernen. Dies bewog Keplern, die zahlreichen von Tycho Brahe angestellten Beobachtungen des Mars sorgfältiger zu vergleichen, um daraus seine Bewegung genau kennen zu lernen. Die Bahn der Erde kannte man schon damals ziemlich genau; denn obgleich mau sie noch für genau kreisförmig hielt, so wußte man doch, daß die Sonne nicht im Mittelpuncte dieses Kreises steht, und da die Abweichung der Erdbahn von der Kreisform nicht gar viel beträgt, so ward der aus dieser Abweichung hervorgehende Fehler in den Bestimmungen nicht so erheblich, daß man ihn, bei den damals noch sehr mangelhaften Beobachtungen, gut bemerken konnte. Diese Kenntniß der Bewegung der Erde gewährte daher die Sicherheit, sagen zu können, in welchem Puncte der Bahn, in welcher größern oder kleinern Entfernung von der Sonne die Erde sich an irgend einem bestimmten Tage befand oder befunden hatte, und hierauf stützte sich Keplers Ausmessung der Entfernungen des Mars von der Erde und von der Sonne.

Es ist bekannt, daß ein großer Theil unserer Feldmesser-Arbeiten darin besteht, daß wir aus zwei Puncten **A**, **B**, (Fig. 3) Richtungslinien nach dem zu bestimmenden Puncte **M** ziehn und so ein Dreieck **M A B** zeichnen, in welchem die bis dahin unbekannten Entfernungen **MA**, **M B**, in ihrem richtigen Verhältnisse zu der Standlinie **AB**, deren Länge wir kennen, dargestellt werden. Ein ähnliches Verfahren auf den Mars, **M**, anzuwenden, schien freilich unmöglich, weil wir uns nicht, während Mars in **M** und die Erde in **B** steht, zugleich auch noch auf einen zweiten Standpunct **A** begeben können; aber Kepler fand ein Mittel, um das durch Beobachtungen, welche zu verschiedenen Zeiten angestellt waren, zu ersetzen, was sich durch gleichzeitige, aus zwei Puncten angestellte Beobachtungen nicht erhalten ließ. Denn wenn gleich die bald schnellere, bald langsamere Bewegung des Mars in seiner Bahn nicht genau unter Regeln gebracht war, so kannte man doch seine volle Umlaufszeit um die Sonne, die 686 Tage 22 St. beträgt, genau und wußte daher, daß man Beobachtungen, die 687 Tage von einander entfernt sind, aufsuchen müsse um den Mars als in einerlei Puncte, seiner Bahn beobachtet ansehn zu können. Tycho's zahlreiche Beobachtungen des Mars boten solche Beobachtungen dar, und wenn nun die Erde zu einer Zeit in **A** gewesen war, als der Mars in **M** stand, wenn sie beinahe 687 Tage später in **B** gewesen war, als der Mars in **M** stand; so war **AB** die Standlinie, von deren beiden Endpuncten der Feldmesser oder hier der Astronom die Richtungslinie nach dem unbekannten Puncte **M** gezogen, eben dadurch aber auch den Abstand **AM**, **BM**, und hierdurch endlich den Abstand **MS** des Mars von der Sonne bestimmt hatte. Wenn man diese Ausmessung der Entfernungen des Mars von der Sonne auf mehreren Puncten seiner Bahn anwandte, so ergaben sich die Abstände für alle Gegenden der Marsbahn und es fand sich, daß diese nicht kreisförmig sondern oval sei.

Ueber den Halleyischen Cometen.

Da die Erwartung, im nächsten Jahre einen Cometen, der schon 5 mal von den Astronomen beobachtet ist, wieder zu sehen, fast für jeden denkenden Menschen etwas Anziehendes hat; so ist es wohl nicht ganz unpassend, über die Frage, in welchem Grade von Schönheit dieser Comet sich uns bei seiner jetzigen Wiedererscheinung wohl zeigen wird, hier einige Betrachtungen mitzutheilen. Zwar sind wir über die Natur der Cometenschweife noch nicht so vollkommen unterrichtet, daß wir mit Gewißheit sagen könnten, derselbe Comet müsse auch bei jedem Umlaufe um die Sonne einen gleich großen und gleich glänzenden Schweif erhalten; aber wir kennen doch einige Umstände, worauf es ankömmt, und nur über diese will ich hier Ueberlegungen mittheilen.

Die Bahn des Cometen kennen wir mit hinreichender Genauigkeit. Schon Halley faßte die Ueberzeugung, daß der in den Jahren 1456, 1531, 1607 erschienene Comet mit dem 1682 beobachteten ein und derselbe Weltkörper sei, und seine Wiederkunft ward daher auf das Jahr 1759 vorausgesagt, wo sie auch mit einem für den damaligen Zustand der Sternkunde hinreichenden Grade von Genauigkeit eintraf. Gestützt auf alle ältere Beobachtungen, welche durch die im Jahre 1759 angestellten einen wichtigen Zuwachs erhalten haben, und im Besitz vollkommener Rechnungsmethoden und vielfacher astronomischer Kenntnisse, die vor 80 Jahren noch nicht so ausgebildet waren, ist die jetzige Wiederkehr des Cometen mit großer Genauigkeit berechnet und wir können es daher als gewiß ansehn, daß er im Jahre 1835 am 7. November seine Sonnennähe erreicht. Bei seiner Annäherung zur Sonne geht er oberhalb der Gegend der Erdbahn vorbei, wo die Erde sich ungefähr am 18. October befindet, und wenn der Comet um diese Zeit dort ankäme; so würde er der Erde so nahe kommen, als es bei seinem Heranrücken gegen die Sonne möglich ist, dennoch aber mehrere Millionen Meilen von ihr entfernt bleiben; da aber der Comet schon ungefähr den letzten September hier vorbeigeht; so kömmt er uns nicht einmal so nahe. Im October ist indeß dennoch die Zeit, wo der Comet der Erde am nächsten und daher am besten sichtbar ist. Er wird uns nämlich etwas näher kommen, als es 1607 der Fall war, wo er auch im October sichtbar war, aber schon am 26. October seine Sonnennähe erreichte.

Nach dem 20. October 1835 entfernen der Comet und die Erde sich sehr schnell von einander, so daß jener um die Zeit seiner Sonnennähe schon viel weiter als die Sonne von uns entfernt ist. Nach der Mitte des Decembers geht der Comet bei seiner zunehmenden Entfernung von der Sonne wieder oberhalb der Erdbahn vorbei und zwar in dem Puncte, den die Erde am 8. Mai erreicht; da aber die Erde im December fast um einen ganzen Durchmesser der Erdbahn (41 Millionen Meilen) von der Gegend entfernt ist, wohin sie am 8. Mai gelangt; so sehen wir um diese Zeit den Cometen gar nicht, obgleich er dann nicht einmal eine ganze Million Meilen von dem Puncte der Erdbahn entfernt bleibt, den die Erde am 8. Mai erreicht.

Aus diesen Angaben läßt sich nun auch erklären, warum der Comet in so sehr ungleicher Schönheit bei seinen verschiedenen Umläufen erschienen ist. Im Jahre 1456 kam er im Juni in seine Sonnennähe, und wurde daher vorzüglich nach seiner Sonnennähe beobachtet, wo er der Erdbahn näher kömmt, und daher auch der Erde selbst damals näher kam, als es vor der Sonnennähe bei gleichen Entfernungen von der Sonne geschieht. Schon deshalb konnte der Schweif damals größer erscheinen. Aber dazu kömmt noch, daß nach allen bisherigen Cometenbeobachtungen die Schweife erst kurz vor der Sonnennähe und vorzüglich nach der Sonnennähe entstehen, weshalb diejenigen Cometen immer die schönsten Schweife zeigen, die erst nach ihrer größten Annäherung zur Sonne uns sichtbar werden; der Halleyische Comet erschien also im Jahre 1456 unter vorzüglich günstigen Umständen. Da er nach seiner Sonnennähe sichtbar war; so war sein Schweif sehr lang und schön, obgleich er noch schöner hätte sein können, wenn der Comet 2 Monate früher eben die Puncte seiner Bahn erreicht hätte.

Bei keiner der folgenden Erscheinungen ist der Comet nach seiner Sonnennähe und zugleich unter so günstigen Umständen beobachtet worden. Im Jahre 1531 wurde er im August gesehen, als sein Schweif doch auch eine wahre Länge von 3 Millionen Meilen hatte. Er hatte damals seine Sonnennähe noch nicht ganz erreicht, war ihr aber nahe, und obgleich es wohl sein kann, daß er noch etwas später beobachtet ist, wo er einen noch längern Schweif mag erlangt haben; so kenne ich doch keine weitere Beobachtung, und da er sich von der Erde entfernte; so mußte seine scheinbare Größe bald sehr abnehmen.

Im Jahre 1607 ward der Comet vor der Sonnennähe beobachtet, und zwar sind die Beobachtungen Kepler's, die ich berechnet habe angestellt, als er noch nicht die Annäherung zur Sonne erreicht hatte, in der ihn 1530 Apianus beobachtet hatte. Kepler's und Harriot's Beobachtungen geben den Schweif vom 27. September bis zum 7. October von $\frac{2}{3}$ Millionen bis $1\frac{1}{3}$ Millionen Meilen zunehmend an. Immer mag er also nach seiner Sonnennähe einen sehr großen Schweif bekommen haben, den aber auf der Erde, wegen der ungünstigen Stellung der Erde gegen den Cometen, Niemand mehr wahrnehmen konnte. — Mit den damaligen Umständen werden die von 1835 einigermaßen übereinstimmen, und es ist daher zu fürchten, daß wir den Cometen wieder dann sehen werden, wenn er noch nicht mit seinem schönsten Schweife ausgestattet ist.

Die Beobachtungen des Schweifes, welche 1682

angestellt sind, habe ich nicht Zeit gehabt zu berechnen, der Comet wurde aber etwas näher gegen die Zeit der Sonnennähe beobachtet, und die Beschreibungen deuten wieder auf einen schönern Schweif als 1607 hin.

Im Jahre 1759 erschien der Comet zuerst unter ganz ungünstigen Umständen. Er wurde, als er vor seiner Sonnennähe noch sehr entfernt war, aufgefunden, aber da bald nachher der Comet sich auf der einen Seite der Sonne befand, die Erde auf der andern Seite, so konnte man ihn längere Zeit nicht beobachten. Am 12. März erreichte er seine Sonnennähe, und war damals 27 Millionen Meilen von der Erde entfernt, nach der Mitte des April wurde seine Stellung gegen die Erde günstiger, aber sein niedriger Stand am südlichen Himmel war für unsre nördlichen Gegenden, wo auch um diese Zeit die helle Dämmerung sehr lange dauert, nachtheilig; indessen erschien der Schweif doch in ziemlicher Länge und muß auch in wahrer Länge recht erheblich gewesen sein.

Es geht aus allen diesem hervor, daß die Erwartung auf diesen Cometen nicht zu hoch wird gespannt sein dürfen, da wir ihu zwar ziemlich nahe aber bei weitem nicht in der günstigsten Periode für die Bildung des Schweifes sehen werden; daß wir ihn übrigens schädlicher Einwirkungen auf die Erde wegen auch nicht zu fürchten haben, brauche ich wohl nicht zu erwähnen.

Blicke

in die Ordnung des Weltgebäudes.

Wenn wir den Sternenhimmel in einer heitern Nacht betrachten: so erfüllt zwar der Anblick dieser unzähligen Weltkörper und der Gedanke, daß jeder von ihnen ein eben so reicher Schauplatz von Wundern sein möge, als es unsere kleine Erde ist, uns mit tiefer Bewunderung und Erstaunen; aber das Bemühen, in der Stellung und Verbindung dieser unzähligen Weltkörper Regel und Ordnung zu entdecken, scheint uns ein vergebliches Bestreben, so sehr wir auch geneigt sind, anzunehmen, daß hier, wie überall, Ordnung und Zweckmäßigkeit herrschen müsse. Ungleich sind die Sterne über den Himmel ausgesäet, und obgleich jede Gegend reich genug ausgestattet ist; so zeichnen sich doch einige Gegenden durch mehrere prächtig glänzende größere Sterne, einige durch ein dichtes Gedränge kleiner Sterne aus, während andere uns einen minder glänzenden Anblick darbieten. Diese einzige Bemerkung reicht schon hin, um uns zu überzeugen, daß die Sterne nicht ganz gleichförmig den uns umgebenden Weltraum erfüllen, und es bieten sich uns nun manche Fragen dar, zu deren Beantwortung zu gelangen große Schwierigkeit hat, deren Beantwortung aber doch durch neuere Beobachtungen wenigstens ziemlich sicher angedeutet wird.

Da die Sterne, wie wir wohl sogleich anzunehmen berechtigt sind, nicht alle gleich entfernt sind, sondern gleichsam in Schichten hinter einander stehen: so konnte der vorzügliche Reichthum an Sternen, wodurch irgend eine Gegend des Himmels sich auszeichnet, eben so gut daher kommen, daß hier mehrere Schichten von Sternen hinter einander stehen, als daher, daß in einer Schichte die Sterne hier zahlreicher sind. Welches von beiden für irgend eine bestimmte Stelle der Fall sei, bleibt immer schwer zu entscheiden, aber eine wahrscheinliche Beantwortung läßt sich aus folgenden Ueberlegungen herleiten. Wie ungleich auch immer die wahre Größe der Sterne sein mag; so dürfen wir doch im Allgemeinen wohl annehmen, daß die klein erscheinenden Sterne auch die entferntesten sind und die größern uns am nächsten, und nur besondere Umstände könnten uns vielleicht bewegen, einen und den andern Stern als eine bestimmte Ausnahme von dieser Regel zu betrachten. Unter den fast zahllosen Sternen, die ihrer Kleinheit wegen das bloße Auge nur noch mit Mühe bemerkt, (welches die sind, die man sechster Größe nennt) mögen allerdings manche sein, die uns nahe genug sind, aber als wirklich kleine und schwach leuchtende Körper sich uns so unansehnlich zeigen; aber im Allgemeinen wird man einen Stern sechster Größe viel entfernter wie einen Stern erster Größe betrachten dürfen, weil offenbar die Entfernung der Sterne von uns nothwendig ungleich sein muß, und es dagegen nicht wahrscheinlich ist, daß alle oder die meisten Sterne sechster Größe vorzüglich klein sein sollen.

Die Voraussetzung, daß vorzüglich die größere Entfernung Ursache ist, warum einige Sterne uns kleiner erscheinen, erhält aber auch dadurch eine wichtige Stütze, daß wir die Anzahl der gleich großen Sterne desto ansehnlicher finden, je kleiner die Sterne sind. Wären alle Sterne ihrer wahren Natur nach völlig gleich, und ständen sie so ziemlich in regelmäßigen Schichten um uns herum: so würden offenbar in der ersten Kugelschichte viel weniger Platz finden, als in der zweiten schon viel ausgedehntern Kugelschichte und folglich müßte es mehrere Sterne der zweiten, als der ersten, mehrere Sterne der dritten als der zweiten Größe geben. u. s. w.

So findet es sich auch wirklich. Wenn wir also nun bemerken, daß sehr viele gleich erscheinende Sterne dicht neben einander stehen, so giebt uns das eine starke Vermuthung, daß diese Sterne, gleichsam zusammengehörend, eine in der That verbundene Gruppe bilden, und wenn wir dagegen bemerken, daß in einer andern Gegend sich Sterne aller Ordnungen, und zwar immer mehrere, je mehr wir unser Auge anstrengen, oder je bessere Fernröhre wir zu Hülfe nehmen, zeigen: so werden wir schließen, daß hier zahlreiche Sternschichten in immer größern und größern Entfernungen hinter einander liegen.

Doch ehe ich diese Betrachtung weiter verfolge, muß ich eine merkwürdige Ausnahme erwähnen, über deren bestimmte Wahrheit sich gleichwohl mit einem hohen Grade von Sicherheit urtheilen läßt. Starke Fernröhre zeigen uns eine überaus große Menge von

Doppelsternen, das heißt von Sternen, die zu zweien, dreien, oder auch mehreren so nahe an einander stehen, daß das bloße Auge oder ein schwächeres Instrument uns nur den vereinigten Glanz als einen einzigen Stern zeigt. Diese Doppelsterne bestehen oft aus Sternen von sehr ungleicher Größe, und dennoch halten wir uns berechtigt, sie als in der That zusammengehörig oder nahe nebeneinander stehend anzusehen. Allerdings wäre es auch hier möglich, daß diese Sterne nur gerade in derselben Richtungslinie, aber weit von einander entfernt, hintereinander ständen. Es mag auch wirklich unter dem großen Heere solcher Doppelsterne manche geben, die wirklich nur scheinbar einander nahe sind; aber daß dieses Zusammentreffen sich so zufällig gegen tausendmal ereignen sollte (denn so groß ist ungefähr die Zahl der entdeckten Doppelsterne *), das ist gar nicht wahrscheinlich. Doch wenn wir auch diese Unwahrscheinlichkeit zugestehen wollten, daß ein so häufiges pünctliches Zusammentreffen Statt finden könne, während doch andere bedeutende Stellen des Himmels gar keine Sterne von derselben Größe, wie diese zu Doppel-

*) Die Zahl der bekannten Doppelsterne hat sich seit dem ersten Erscheinen dieser Abhandlung bedeutend vergrößert, sie ist nämlich, besonders nachdem Herr Staatsrath Struve in Dorpat mit dem dort befindlichen großen Frauenhofer'schen Refractor den ganzen uns sichtbaren Himmel durchmustert hat, bis über 3000 gestiegen. Vgl. dessen **catalogus novus stellarum duplicium. Dorpat 1827.**

Der Herausgeber.

sternen vereinigten sind, enthalten: so würde die von Herschel und Bessel angestellte Beobachtung *) daß viele dieser Doppelsterne eine Bewegung um einander haben, uns bestimmen müssen, die Doppelsterne als wirklich verbunden zu betrachten, wenn gleich ihre scheinbaren Größen, die wir im Allgemeinen als Maß der Entfernung zu gebrauchen gedachten, ungleich sind. Die allermerkwürdigste unter diesen Entdeckungen ist die von Bessel, daß ein Stern im Schwane, der einen kleinen Nebenstern bei sich hat, seit dem Anfange des letzten Jahrhunderts seine Stellung gegen die übrigen benachbarten Sterne sehr merklich verändert und jenen kleinen Nebenstern mit sich fortgeführt hat, und daß ferner der kleine Stern deutlich, obgleich er in der Nähe des größeren blieb, seine Stellung gegen ihn so geändert hat, daß ein Umlauf um den größern kenntlich ist. Aehnliche Aenderungen in der Stellung der zu einem Doppelsterne verbundenen Sterne gegen einander hat nun Herschel an einer nicht ganz kleinen Anzahl von Doppelsternen beobachtet, und obgleich die Schlüsse aus diesen Beobachtungen mit einiger Vorsicht müssen gezogen werden, weil (wegen der erwiesenen eignen Bewegung unseres ganzen Sonnensystemes) diese Bewegung zum Theil nur scheinbar sein könnte, so braucht es doch

*) Die hier erwähnte Beobachtung ist durch die in neuerer Zeit besonders von dem jüngern Herschel, Struve und South angestellten Beobachtungen und Messungen auf's vollkommenste bestätigt worden.

kaum eines Beweises, daß eine solche an mehreren Doppelsternen bemerkte Bewegung des einen um den andern diese Sterne als zu einem Systeme verbunden kennen lehrt. Ich habe die Entdeckung von Bessel besonders merkwürdig genannt, vorzüglich deswegen, weil der Doppelstern im Schwane uns ziemlich nahe zu sein scheint, indem das gemeinschaftliche Fortrücken der beiden verbundenen Sterne so überaus bedeutend ist, ferner, weil Bessel Beobachtungen, die fast ein Jahrhundert umfassen, dabei zu Rathe gezogen hat, und endlich, weil er uns Grund giebt zu hoffen, daß wir ähnliche Merkwürdigkeiten noch an mehreren benachbarten kleinen Sternen im Schwane finden möchten, und also vielleicht hier zuerst ein eigentlich verbundenes System von Sternen kennen lernen könnten.

So hätten wir also durch die neuesten Beobachtungen schon einige Kenntniß von der Zusammenordnung mehrerer Sterne zu einem Systeme, von Sonnen, die sich um einander bewegen, erhalten, und es ist leicht vorauszusehen, daß die jetzt nur erst angedeutete Kenntniß der Doppelstern-Systeme leicht und bald bedeutend kann vervollkommnet werden. Um aber die Anordnung des gesammten Sternenheeres, in dessen Mitte wir uns befinden, näher kennen zu lernen, müssen wir zu den Betrachtungen zurückkehren, die ich vorhin unterbrochen habe. Herschel*) ist bis

*) Ich brauche wohl kaum zu erwähnen, daß hier immer der am 25. Aug. 1822 verstorbene, W. Herschel gemeint ist.

jetzt der einzige, der sich anhaltend und mit sehr glücklichem Erfolge mit der Untersuchung beschäftiget hat, ob denn der ganze Himmel in gleichem Maße sich immer reichhaltiger an Sternen zeige, je stärkere Fernröhre wir auf ihn richten; und seine Beobachtungen ergeben, daß es vorzüglich die Gegend um die Milchstraße ist, wo immer neue Sterne in fast unendlicher Zahl aus immer größern Fernen herüber glänzen, während alle weit von der Milchstraße abliegende Gegenden des Himmels zwar zuerst uns kleine Sterne zeigen, wenn wir mäßige Fernröhre zu Hülfe nehmen, aber endlich, gleichsam erschöpft, der tiefer eindringenden Sehekraft, wenn sie durch überaus starke Fernröhre geschärft ist, keine neue einzelne Sterne mehr darbieten. Diese Bemerkung führt zu der wichtigen Folgerung, daß das Sternenheer, zu dem unsere Sonne gehört, einen stark abgeplatteten Raum ausfüllt, daß es gleichsam eine ungeheure Schichte von Sternen ist, deren Breite nach der Richtung hin, wo uns die um den ganzen Himmel gehende Milchstraße erscheint, viel größer als ihre Dicke ist. Herschel glaubt durch die Beobachtungen, die er mit einer Reihe immer stärkerer, immer tiefer in die Ferne dringender Telescope angestellt hat, über-

der in seinem schon oben erwähnten Sohne J. W. F. Herschel einen ebenso scharfsinnigen als glücklichen Nachfolger für seine übrigen Untersuchungen, wenn auch nicht gerade für diesen einzelnen Zweig derselben, gefunden hat.

Der Herausgeber.

zeugt zu sein, daß seine besten Fernröhre ziemlich sicher überall bis zu den Gränzen dieses Sternhaufens reichen, *) und gründet nun auf die Zählung der einzelnen Sterne, die wir auf gleichen Theilen der Kugelfläche nach der einen und nach der andern Richtung hin auffinden, Schlüsse über die Ausdehnung, welche diese Masse von Sternen nach diesen Richtungen hin hat. Er fand in den Gegenden des Himmels, die weit von der Milchstraße ab, gegen die Pole des Kreises hin, den die Milchstraße am Himmel bildet, liegen, zuweilen kaum mehr als einen Stern in dem Raume, den sein Fernrohr auf einmal faßte, statt daß er nahe bei der Milchstraße zuweilen gegen 600 in dem gleichen Räumen zählte und dieses Gedränge von Sternen so fortdauernd beobachtete, daß er die Zahl der kenntlichen Sterne, die dort in einer Viertelstunde durch sein Gesichtsfeld gingen, auf nicht weniger als 110,000 berechnete.

*) Bei seinen späteren Beobachtungen scheint Herschel von dieser Ansicht zurück gekommen zu sein, denn er erklärt, daß man zwar in den Gegenden um die Pole der Milchstraße (das ist in der Gegend des Haares der Berenice und in den südlich vom Wallfisch gelegenen Gegenden) zu der Ueberzeugung komme, hier die Gränzen des uns umgebenden Sternhaufens erreicht zu haben, weil hier bei Anwendung sehr starker Vergrößerungen der Raum zwischen den einzelnen Sternen vollkommen dunkel sei, daß aber in den Gegenden der Milchstraße selbst gewiß bei Anwendung noch stärkerer Vergrößerungen auch immer noch mehr Sterne erkennbar werden würden. Vgl. W. Herschel's sämmtliche Schriften Bd. I. über den Bau des Himmels (Arnoldsche Buchhandlung 1826.) S. 332 und folgende.

Der Herausgeber.

Wenn man diese Sternenzählungen über den ganzen Himmel fortsetzte, so würde man also eine ziemlich sichere Kenntniß von der ganzen Figur, und wenigstens einige Kenntniß von der wahren Größe unseres zu einem Systeme vereinigten Sternenhaufens erhalten. Denn obgleich, sobald es auf völlige Strenge ankömmt, die Schlüsse etwas trüglich sind, die wir entweder aus der nach optischen Regeln berechneten Stärke unsrer Fernröhre oder aus der Sternenzahl, die ein Fernrohr in Vergleichung gegen ein anderes zeigt, herleiten, um zu bestimmen, wie weit unser Blick mit Hülfe dieses Instruments in den Weltraum eindringe: so sind doch diese Schlüsse wohl sicher genug, um uns zu belehren, daß nach der einen Richtung die Ausdehnung dieses Sternenheeres um viele Billionen Meilen größer sei, als nach einer andern Richtung. Herschel hat einen Anfang zu diesen Bestimmungen gemacht, und in einer Zeichnung, die ich hier (Fig. 4) mittheile, einen Durchschnitt unseres Sternensystemes nach einer Richtung, die auf der Milchstraße senkrecht ist, dargestellt. Hier stellt a die ohngefähre Lage unserer Sonne vor, b, c sind die entferntesten Sterne, die in der Richtung, wo wir die Milchstraße sehen, liegen, d, e sind die entferntesten Sterne in einer gegen die Milchstraße senkrechten Richtung. Die unregelmäßigen Einschnitte in den Umriß des ganzen Sternenhaufens sind aus der hier plötzlich abnehmenden Sternenzahl hergeleitet, und obgleich hier offenbar kleine Unterschiede von Zufälligkeiten, etwa von einer ungleichen Austheilung der

Sterne herrühren können, so läßt sich doch nicht läugnen, daß im Allgemeinen das sehr wohl begründet ist, worauf diese Bestimmungen sich stützen.

Dieses zusammengeordnete Sternenheer ist in einen Raum ausgebreitet, den wir nach diesen Abschätzungen auf wenigstens 2000 Billionen Meilen tief und als wenigstens 10000 Billionen Meilen nach der Gegend der Milchstraße hin ausgedehnt annehmen dürfen. Es scheint abgesondert von andern Sternensystemen im Weltraume, gleichsam wie eine Insel da zu stehen; denn gegen die Pole der Milchstraße hin, entdeckt eine verschärfte Sehekraft keine neue einzelne Sterne mehr, und selbst in der Richtung der Milchstraße scheinet endlich das so sehr geschärfte Auge ziemlich die Gränze erreicht zu haben.*) Aber jenseit dieses leeren Raumes finden wir nun neue vereinigte Sternenheere.

Alles nämlich, was ich bisher angeführt habe, betrifft nur die Sterne, welche über bedeutende Gegenden des Sternenhimmels ziemlich gleichförmig, mit einer fast regelmäßigen, starken Verdichtung gegen die Milchstraße hin ausgestreut sind, und die einzelnen Sternhaufen, wo auf einen Raum von wenigen Minuten im Durchmesser unzählige Sterne

*) Ich muß nochmals bemerken, daß dies eine wohl etwas zu kühne Behauptung ist, und daß also auch in Herschel's Zeichnung unseres Sternsystems nicht bei b und c die wirklichen Gränzen desselben, sondern nur die Gränzen dessen liegen, was er mit seinem 20 füßigen Teleskop durchdringen konnte.

Der Herausgeber.

von der äußersten Kleinheit zusammengedrängt sind, haben wir bisher gar nicht beachtet. Diese Sternenhaufen scheinen nun nichts anders zu sein, als eben solche zusammengeordnete Sternensysteme, wie es das große Sternenheer ist, welches wir eben betrachtet haben. So wie unsre Sonne weit entfernt von andern Sonnen im Weltraume allein steht, damit diese durch die Attractionskraft nicht eine nachtheilige Wirkung auf sie äußern, so scheint jedes dieser Sternensysteme durch einen verhältnißmäßig größern Zwischenraum von dem benachbarten Sternenheere getrennt zu sein, so daß jedes derselben als ein minder oder mehr in sich abgeschlossenes Ganze kann betrachtet werden.

Die Sternenhaufen, die wir schon mit bloßen Augen bemerken, mögen wahrscheinlich Gruppen von Sternen sein, die in dem großen Sternenheere ein System von geringerer Ordnung bilden, und wir können für jetzt noch nicht entscheiden, ob irgend eine Bewegung um einen Mittelpunct oder eine von allen Seiten fast gleiche Anziehung diese Sterne für einen langen Zeitraum im Gleichgewichte erhält, oder ob sie durch gegenseitige Anziehung einander langsam näher rücken und sich zu einem mehr gedrängten Systeme bilden. Aber außer diesen Sterngruppen entdeckt man mit guten Fernröhren tausende von matt glänzenden Fleckchen, die wie mehr oder minder leuchtende Nebel erscheinen, und unter diesen ist eine große Anzahl, welche sich in Herschel's Fernröhren als Sammlungen zahlloser Sterne zeigen. Die schönsten unter ihnen sind nach Herschel's Beschreibung diejenigen, die rund und gegen die Mitte hin mit stark zunehmendem Glanze erscheinen, in denen man am Rande einzelne, gleichsam über die eigentlichen Gränzen hinaus, zerstreute höchst feine Sternchen entdeckt, gegen die Mitte zu aber das Gedränge von Sternen immer dichter und dichter findet und im Mittelpuncte den Glanz der einzelnen Sterne als in einander laufend und einen schönen leuchtenden Kern bildend, erblickt. Diese Sternenheere, deren viele nur wenige Minuten im Durchmesser haben, müssen mehrere hundertmal, ja einige mehrere tausendmal so weit von uns entfernt stehen, als die Größe ihres wahren Durchmessers ist; denn dieses gilt für alle Gegenstände, die uns nur so groß erscheinen. Da nun diese Sternensysteme aus vielen tausend Sternen zusammengesetzt sind; so läßt sich leicht übersehen, daß wenn auch diese Sterne etwa einander viel näher stehen, als es bei den uns umgebenden Sternen der Fall ist: dennoch die Ferne, in welcher sie sich befinden, ungeheuer groß sein muß, und daß wir ihren Abstand von uns auf mehr als 50—100000 Billionen Meilen schätzen dürfen.

Und solcher Sternenhaufen, die mehr oder minder reichhaltig dem Sternenheere gleichen, in dem wir uns befinden, haben wir nun schon einige hundert mit Sicherheit kennen gelernt, obgleich noch lange nicht der ganze uns sichtbare Himmel mit den größern Fernröhren durchsucht ist. Jedes dieser Sternenheere scheint abgesondert von den umgebenden ähnlichen Systemen zu stehen, meistens getrennt durch einen in Vergleichung gegen seine eigene Größe sehr ansehnlichen Zwischenraum; aber dennoch scheint unter diesen an sich schon fast unendlich großen Weltgebäuden eine Zusammenordnung Statt zu finden. Ausgezeichnet viele dieser entfernten Sternheere stehen in der Nähe der Milchstraße und es scheint also, als ob sie gleichsam eine Fortsetzung des unendlichen Sternenlagers bilden, welches uns nach der Richtung der Milchstraße hin umgiebt. Waren sie etwa einst mit unserm Sternhaufen vereinigt, und hat eine gegen vorzüglich große oder gedrängte Sterne zu wirkende anziehende Kraft die Systeme getrennt und jedes einzelne Heer von Sternen näher zusammengedrängt, um seinen Mittelpunct geordnet? — Es ist unmöglich, diese Frage zu beantworten, und eine Begebenheit als gewiß nachzuweisen, die vielleicht nur in einem Zeitraume von Billionen von Jahren so weit vollendet werden und den Zustand herbeiführen konnte, den wir gegenwärtig beobachten: aber merkwürdig ist es wenigstens, daß sich gerade in zwei Gegenden, über welche hinaus wir zwei der reichsten Sternhaufen beobachten, Einschnitte in das uns umgebende Sternheer befinden. Herschel schließt das Dasein eines solchen sehr tiefen Einrisses oder einer leeren Stelle in unserm Sternhaufen daraus, daß er bei den Sternenzählungen in dieser Gegend, als er sich der Milchstraße näherte, die Sternenzahl anfangs von 10 bis 17 regelmäßig wachsend fand, aber plötzlich auf eine Stelle gerieth, wo kaum ein Stern oder höchstens 2 und diese alle von ziemlich bedeutender Größe in seinem Gesichtsfelde erschienen. Vier Grade breit bemerkte er diesen unregelmäßigen Mangel an Sternen, dann nahm ihre Zahl auf 5, 13, 20 und sehr schnell bis auf 41 zu, so wie es der Annäherung zur Milchstraße gemäß war. Wir können also wenigstens die Frage aufwerfen, ob etwa eine sehr mächtige anziehende Kraft, wenn gleich aus unermeßlicher Ferne wirkend, hier die ihr nähern Sterne zu sich hinzog, und diese Lücke in unserm Systeme machte? Und wäre das einmal der Fall gewesen: so ist wohl einleuchtend, daß diese einmal entstandene Lücke sich im Laufe der Jahrtausende noch vergrößern mußte, indem jetzt die äußersten zurückgebliebenen Sterne von ihren Nachbarn angezogen wurden, ohne daß eine entgegengesetzte Kraft die Wirkung dieser Anziehung aufgehalten hätte.

Aber nicht alle entfernte Sternenheere finden wir in der Gegend der Milchstraße, sondern **Herschel** fand schon aus seinen frühern Beobachtungen wenigstens noch zwei Gegenden, in denen eine ganze Kette ähnlicher Sternsysteme sich durch einen ansehnlichen Theil des Himmels fort erstreckt, und es ist also wohl zu vermuthen, daß wir in dem für unsere Fernröhre übersehbaren Theile des unendlichen Raumes noch mehrere solche in deutlicher Verbindung stehende Sternhaufen entdecken werden.

So lehrt uns also die Beobachtung ein über alle unsere Begriffe zahlloses Heer von Welten kennen. Sie zeigt uns noch an den äußersten Gränzen des Raumes, den unsere Fernröhre durchforschen können, immer neue schon fast dem Blicke entschwindende zusammengeordnete Sternenheere, und deutet uns klar genug an, daß wir die Gränze des Weltgebäudes dort eben so wenig erreicht haben, als bei dem ersten Blicke auf die nächsten Sterne. Doch unsre Forschung ging ja auch nie darauf hin, die Gränzen der Schöpfung aufzufinden, hinzudringen bis zu den Räumen, wo todte Leere von Ewigkeit her herrschte, und mit unsern kurzsichtigen Blicken das zu umfassen, was, wie eine Stimme in unserm Innern sagt, unendlich sein muß; nur das wünschen wir zu wissen, ob dem schwachen Sohne des Staubes, der gleichwohl sich berufen fühlt, die unendliche wundervolle Welt zu erforschen, der seine Bestimmung für eine unendlich wachsende Erkenntniß, für eine unendlich wachsende Thatkraft fühlt, ob es ihm vergönnt sei, auch hier Regel und Ordnung zu entdecken. Und unser Wunsch, die Ordnung des Weltgebäudes zu ahnen, bleibt wenigstens nicht ganz unbefriedigt. Wir sehen, wie alle Weltkörper sich zusammenordnen in Systeme, wie diese kleineren Systeme sich in ein verbundenes großes Sternenheer vereinigen, und wie eine ganze Sammlung solcher ungeheuer großer Sternenheere durch ihre regelmäßige Lage gegeneinander sich als in Verbindung stehend zeigt. Freilich fehlt uns noch sehr viel, um diese Anordnung ganz zu begreifen; aber wir wissen, daß viele Sterne eine, wenn gleich wenig merkliche, doch ganz bestimmte eigene Bewegung haben, und dürfen also mit Sicherheit hofsen, daß im Laufe der Jahrhunderte es der menschlichen Forschung klar werden wird, ob sich die Sonne und die Heere von Sternen in unendlichen Kreisen um eine Centralsonne bewegen, oder ob diese Bewegung, bewirkt durch anziehende Kräfte, das unermeßliche System von Sternen erst zu einer bestimmtern Ordnung ausbildet, oder ob die anziehende Kraft die großen Weltkörper einander immer näher bringt, und ob nach Millionen von Jahren ein Theil dieses großen Gebäudes zusammen stürzen und neuen Schöpfungen Raum geben wird.

Es ist wahrscheinlich, daß alle diese verschiedenen Fälle in den verschiedenen Gegenden des Weltraums vorkommen mögen, und Herschel gründet auf die Vergleichung des äußern Ansehns der verschiedenen Sternhaufen Betrachtungen, die wenigstens als Andeutungen dessen, was hier vielleicht geschieht, höchst merkwürdig sind.

Es giebt einige Sternhaufen von so besonderer Bildung, daß Herschel sich bewogen fand, sie, sich erst bildende Haufen zu nennen. Die Sterne stehen nämlich zerstreut, aber mehrere bilden Linien, die nach einem gemeinschaftlichen Mittelpuncte zu gehen, in welchem sich gewöhnlich einige hellere Sterne befinden, und es hat also den Anschein, als ob eine die übrigen benachbarten Sterne beherrschende Anziehungskraft diese zu jenem Mittelpuncte hin ziehe, und daß sich so ein immer mehr von den übrigen Systemen, die wieder andern Attractionen folgen, abgesondertes Heer von Sternen bilde. Andere Sternhaufen zeigen sich schon als mehr abgetrennt von den benachbarten Sternen, aber die einzelnen Sterne in ihnen liegen ungleich zerstreut, und weder ihr ganzer Umfang noch die mehr oder minder verdichtete Anhäufung an einer Stelle zeigt etwas regelmäßiges. Andere, die ebenfalls von den benachbarten Sternen abgesondert, schon in sich, in Rücksicht der zu ihnen gehörigen Sternenzahl, ein Ganzes bilden, enthalten einen oder mehrere Puncte, um welche das Gedränge von Sternen dichter ist, und wo also der Mittelpunct der Anziehung die Sterne am meisten zu sich hingezogen zu haben scheint. Die äußern Umrisse dieser Sternhaufen sind meistens noch unregelmäßig, und einzelne Sterne, die in ihrer großen Ferne langsam dem Zuge gegen den Mittelpunct folgen, liegen an den Gränzen des Sternhaufens einzeln zerstreut. Unter diesen Sternhaufen giebt es einige von besonderer Gestalt, z. B. wo die Sterne einen Ring bilden, in dessen Mitte sich ein fast sternenleerer Raum befindet, wo also wahrscheinlich mehrere in bedeutender Entfernung von einander stehende Hauptsterne die umgebenden Sterne zu sich hinzogen und so zwischen sich einen leeren Raum hervorbrachten, während sich um sie ein reiches Sternenlager bildete. Ohngefähr zu dieser noch nicht sehr bestimmt geordneten Art von Sternhaufen scheint derjenige zu gehören, in dessen Mitte wir uns befinden. Wir bemerken nicht, daß in ihm irgend ein ganz einziger Punct vorhanden sei, um den die Sterne am gedrängtesten ständen, aber mehrere Gruppen von Sternen sind vorhanden, die wir wohl als um einzelne Hauptsterne gesammelt betrachten dürfen. Unser Sternhaufen ist ziemlich rein abgesondert von andern Sternheeren, die ihn umgeben, aber seine Gränzen sind unregelmäßig, und einzelne Sterne mögen, zahlreich um ihn her liegend, seine Gränzen unkenntlich machen.

Endlich giebt es nun andere Sternhaufen, die deutlicher isolirt, ganz bestimmt begränzt und kugelförmig sind. Die große Zahl von Sternenheeren, die wir kennen, zeigt uns fast alle Abstufungen von jenen unregelmäßigen zu den rundlichen, deren Glanz im Mittelpuncte etwas stärker ist, bis endlich zu denen, wo kaum noch einzelne zerstreute Sterne außer der genau kreisförmigen Gränze stehen, deren Glanz regelmäßig und in starkem Maße gegen den Mittelpunct zunimmt, wo man die feinsten Sterne am Umfange einzeln, gegen den Mittelpunct immer dichter und endlich nahe an demselben so gehäuft sieht, daß ihr gemeinschaftlicher Glanz das Entdecken der einzelnen fast unmöglich macht. (Fig. 5 stellt ein solches Sternenheer vor). Diese Sternenhaufen sind kugelförmig; denn wir kennen so viele, die alle genau rund erscheinen, daß dieses unmöglich blos zufällig sein kann. Diese Sterne sind nicht blos anscheinend, sondern wirklich um den Mittelpunct verdichtet; denn die Zunahme der Sternenzahl gegen den Mittelpunct hin ist viel stärker, als sie bei einer gleichförmigen Austheilung durch den ganzen Kugelraum sein könnte. Hier ist also offenbar ein Heer von Sternen um einen einzigen anziehenden Mittelpunct gesammelt und wahrscheinlich ist dieß die letzte Stufe der Ausbildung; deren diese aus Tausenden von Sternen bestehenden Systeme fähig sind.

Ob nun die Wirkung der anziehenden Kraft, welche zuerst aus einer ungeordneten Zahl von Sternen abgesonderte Haufen bildet, nach und nach sie enger an einander zu bringen und zu kugelförmigen Heeren zu sammeln scheint, wo sie wirklich einander viel näher gedrängt als in den weniger geordneten Sternsammlungen stehen mögen, und wo sie uns durch ihre regelmäßige Anordnung einen so schönen und überraschenden Anblick gewähren; ob diese Wirkung der anziehenden Kraft ohne Ende diese Zusammendrängung weiter treibe; ob die Sonnen, die so eng um den Mittelpunct des kugelförmigen Heeres gedrängt sind, endlich in einander fallen, und so, wie wir es nach irdischer Weise ausdrücken, untergehen; — oder ob vielleicht durch einen Umschwung um den Mittelpunct, oder durch andere Mittel diese schöne Ordnung auf eine unendliche Zeit gesichert sei — darüber können wir noch nichts entscheiden. Aber gesetzt auch, daß diese reichen Sonnenheere, die wir jetzt als so schön geordnet bewundern, die (wenn unsre Ansicht die richtige ist) nach einer Dauer von Millionen Jahren sich so aneinander gedrängt haben und noch für Jahrtausende der Schauplatz der größesten Herrlichkeiten der Schöpfung sein können, gesetzt, daß sie ihrem letzten Jahrtausend entgegenreiften, daß in ihrem Zusammenstürzen die gegenwärtige Ordnung der auf ihnen lebenden Natur zu Ende ginge; würden wir darum den Herrn der Welt minder zu verehren uns veranlaßt finden? Ist es nicht die allgemeine Regel in der Körperwelt, daß das alternde Gebäude einstürzt, damit aus den Trümmern eine verjüngte, schönere Bildung hervorgehe? daß es uns, für deren Blick der Weltbau groß und der Sperling klein erscheint, furchtbarer vorkömmt, wenn eine Welt untergeht, als wenn ein Sperling vom Dache fällt, das kann offenbar uns nicht verleiten zu fordern, daß auch der Herr der Welt so urtheilen solle, dem es eben so leicht ist, zahllosen Wesen einen neuen, glücklichen Aufenthalt anzuweisen, als es ihm war, jeden von uns eine zärtliche Mutter finden zu lassen, als wir den Schauplatz dieses Erdenlebens weinend betraten.

Was ich bisher angeführt habe, giebt einen ziemlich vollständigen Begriff von dem, was wir bis jetzt über die Sterne, über ihre Verbindung und Zusammenordnung, und über die Größe des für unsere künstlich verstärkten Blicke übersehbaren Raumes wissen. Die künftige Zeit wird dem forschenden Menschen auch hier noch reiche Aufschlüsse geben können, da theils im Laufe längerer Zeiträume sich vielleicht die Veränderungen als allmälig eintretend zeigen werden, die wir jetzt nur aus den verschiedenartigen Zuständen der Sternhaufen vermuthen, theils noch unzählige neue Weltenheere zu entdecken übrig sind, indem nur erst der kleinste Theil des Himmels mit den stärksten Fernröhren, die wir bis jetzt besitzen, untersucht ist. In Hinsicht dieses letztern Umstandes bemerkt Herschel, daß sein großes 40fußiges Teleskop für einzelne Sterne etwa 190 mal so weit zu sehen verstatte, als das bloße Auge sieht, *) und daß eben dieses Fernrohr den vereinigten Glanz eines Sternenheeres von etwa 50000 Sternen noch zeigen müsse, wenn sie auch 12000 mal so weit entfernt sind, als die dem bloßen Auge nur noch eben erkennbaren Sterne. Aber um diesen ganzen Raum, dessen äußerste Gränze etwa 400000 Billionen Meilen von uns entfernt ist, mit dem 40fußigen Teleskop und mit tausendmaliger Vergrößerung zu durchsuchen, würde ein Beobachter (weil es jährlich kaum 100 Stunden giebt, die zu diesem Zwecke heiter genug sind,) gegen 800 Jahre gebrauchen, und hieraus läßt sich berechnen, welchen geringen Theil in Vergleichung gegen das noch Ununtersuchte Herschel's höchst sorgfältige und fleißige, aber doch nur 30jährige Beobachtungen umfassen können.

Aber außer den Sternen giebt es am Sternenhimmel noch andere Gegenstände von geheimnißvoller Natur, von mannichfaltigen Formen, leuchtende Massen, aus denen neue Schöpfungen sich zu ge-

*) Ueber die Betrachtungen, worauf sich die Schätzung der Raum durchdringenden Kraft eines Teleskop's gründet, vergleiche Vorlesungen über die Astronomie Theil II. S. 240 und folgende.
Der Herausgeber.

stalten scheinen. Dieses sind die eigentlich so genannten Nebel, Nebelflecke, Lichtnebel, die man am Himmel beobachtet. Es giebt zwar eine Menge von Erscheinungen am Himmel, die dem bloßen Auge oder auch mäßig guten Fernröhren als helle Nebel, als leuchtende Wölkchen erscheinen. Der ganze Grund der Milchstraße zeigt sich uns so, und für das bloße Auge hat selbst der Sternhaufen im Krebse und der im Degengriff des Perseus eben das Ansehen; aber bei sehr vielen dieser Erscheinungen zeigen sehr lichtstarke Fernröhre, daß die anscheinenden Nebel Sternhaufen sind, deren einzelne Sterne man wenigstens ahnen kann, wenn sie auch nicht mehr ganz als einzeln deutlich hervorglänzen. Dagegen giebt es nun unter diesen Nebelerscheinungen andere, die selbst unsern stärksten Fernröhren nur als Nebel erscheinen, und die sich desto gleichförmiger und neblicher oder milchiger (wie man es zu nennen gewohnt ist,) zeigen, je bessere Fernröhre man auf sie richtet.

Obgleich nun allerdings diese Unauflösbarkeit bei manchen Gegenständen nur daher rühren mag, daß es zu entfernte Sternhaufen, oder daß in ihnen die Sterne zu klein oder zu gedrängt sind, um noch einzeln erkannt zu werden: so sind doch überwiegende Gründe vorhanden, die uns bestimmen müssen, den größten Theil dieser zahlreichen Lichtnebel für ganz etwas andres zu halten, und ich werde hier das Wichtigste von dem, was Herschel in einer seiner lehrreichsten Arbeiten gesagt hat, mittheilen.

Schon das Ansehn dieser Nebel, da sie beim

Gebrauche stärkerer Fernröhre sich immer mehr und mehr als eine vereinigte, meist gleichförmige, zwar hie und da hellere, aber doch durchaus nicht in vorglänzende Lichtpuncte auflösbare Masse zeigen, begründet die Vermuthung, daß sie aus einer durch weite Räume verbreiteten, schwach leuchtenden Materie bestehen. Ihre oft sehr große Ausdehnung unterstützt diese Vermuthung; denn da manche dieser Nebel mehr als 2 Grade in der Länge und Breite groß*) sind: so müßten es Sternensysteme von undenkbarer Größe sein, wenn sie so entfernt wären, daß selbst unsere stärksten Fernröhre noch nicht die leiseste Andeutung von den in ihnen enthaltenen Sternen geben könnten. Und überdieß bemerken wir in einigen dieser Nebel Veränderungen und Erscheinungen, die auf eine nicht überaus große Entfernung hindeuten. Der schon seit länger als einem Jahrhundert bekannte Nebel im Orion ist in dieser Hinsicht vorzüglich merkwürdig. Nicht blos jeder spätere Beobachter hat seine Figur anders dargestellt, als sein Vorgänger; sondern Herschel's und Schröter's Beobachtungen zeigen deutlich, daß er fortdauernd und selbst im Verlaufe weniger Monate andre Gestalten annimmt. Diese Aenderungen in der scheinbaren Größe und Figur würden eine Verrückung der leuchtenden Masse, die mehrere 1000 Millionen Meilen im Jahre betrüge, voraussetzen, wenn wir annehmen wollten, dieser

*) Vgl. W. Herschel's sämmtliche Schriften. Band I. S. 208 — 211.

Nebelfleck liege sehr weit außer den Gränzen des uns unmittelbar umgebenden Sternhaufens; sie würden mit der Hypothese, daß auch dieser Nebel ein sehr zusammengedrängtes Heer von Sternen sei, sich gar nicht vereinigen lassen, und nöthigen uns also, unsere Meinung über die Natur dieser Nebel anders zu bestimmen, und zugleich sie uns ziemlich nahe zu denken. Was aber vollends beinahe ganz entscheidend die Entfernung des Nebels im Orion auf ziemlich enge Gränzen zurückzuführen scheint, ist Herschel's Beobachtung, daß einige kleine Sterne 8. bis 9. Größe, die er bei frühern Beobachtungen in den Nebel eingehüllt sah, damals sich mit einem eben so zerstreuten Lichte (einem Hofe oder mit einer glänzenden Dunsthülle) umgeben zeigten, wie wir es bei größeren Sternen, die wir bei neblichem Wetter sehen, bemerken. Sie hatten ganz das Ansehn, als ob der Lichtnebel diesseits läge und die durch ihn hingehenden Strahlen der Sterne geschwächt und zerstreut bei dem Durchgange durch diese dünne Materie zu uns gelangten. Dagegen waren bei späteren Beobachtungen eben die Sterne von allem Nebel frei und die Gränze der Nebelmasse erreichte sie nicht mehr. Sie erschienen nun vollkommen rein, und der ehemals gleich einer hellern Atmosphäre sie umgebende matte Glanz war also nichts diesen Sternen selbst Angehörendes. Ist nun aber der Nebel im Orion uns näher als Sterne achter Größe, so läßt sich vermuthen, daß alle ähnliche Nebel wenigstens nicht sogar weit über diese Gränze hinaus liegen mögen, da sie alle diesem Nebel gleichen, da in ihm fast eben so helle und fast eben so matte Stellen sind, als wir an irgend einem andern Nebel finden, und weil nach der allgemeinen Schwäche des Lichts dieser Nebelflecke es wohl zu vermuthen ist, daß sie uns unsichtbar werden müßten, wenn sie bedeutend über ihre jetzige Entfernung hinaus von uns weggerückt würden.

Diese Betrachtung über die wahrscheinlich ziemlich enge Sphäre, innerhalb welcher alle Lichtnebel liegen, wird desto wichtiger, da sie uns aufmerksam darauf macht, wie reichlich diese Nebelmaterie im Weltraume vorhanden sein muß. Die von Herschel beobachteten Lichtnebel bedecken etwa 150 Quadratgrade am Himmel; und da es wohl sicher auch über unserm Horizonte noch unentdeckte Nebelmassen giebt, so läßt sich hieraus auf die große Ausdehnung der mit dieser Materie erfüllten Räume schließen, zumal wenn wir annehmen, daß diese Nebel vielleicht alle nicht über 10 mal so weit als die nächsten Sterne von uns entfernt sind, und alle jenseit dieser Gränze liegende Nebel uns gänzlich unsichtbar bleiben.

Diese Nebelflecke zeigen sich uns unter höchst mannichfaltigen Gestalten, und wenn wir diese Verschiedenheiten gehörig ordnen; so scheint sich mit großer Deutlichkeit, wenigstens mit großer Wahrscheinlichkeit, die Entwickelungsgeschichte dieser Massen daraus aufzuhellen. Diese zuerst chaotisch in unförmlichen Massen ausgestreute Materie scheint den Stoff zur Entstehung neuer Sonnen zu enthalten; und obgleich wir nicht sagen können, daß wir schon neue

Weltkörper aus ihnen hervorgehend beobachtet hätten: so reihen sich doch die vorhandenen Erscheinungen so an einander, daß man in der That der Ueberzeugung, es sei wirklich so überaus nahe geführt wird.

Es giebt zahlreiche Nebelflecke, die durch Räume von mehrern Quadratgraden ausgedehnt, mit mattem, beinahe gleichförmigem Lichte aus der Tiefe des Himmels hervordämmern; andere, die unförmlich wie diese sich durch manche glänzende Stellen auszeichnen, aber deren glänzende Streifchen gar nichts regelmäßiges verrathen. Wir können sie nicht wohl für etwas Andres als für ganz ungeformte Massen halten, und bleiben hier völlig ungewiß, ob die mehr glänzenden Stellen nur darum sich auszeichnen, weil unsere Gesichtslinie hier eine mehr nach der gegen uns hin gekehrten Richtung ausgedehnte Schichte trifft, oder ob die leuchtende Materie hier in einem mehr verdichteten Zustande ist. Dagegen giebt es andere zahlreiche Lichtnebel, in denen die vorglänzenden Lichtstellen sich als rund zeigen, und ausgedehnte matte Nebel enthalten oft mehr als einen solchen helleren runden Fleck. Hier wird es schon weit wahrscheinlicher, das dieser verstärkte Glanz Folge einer Verdichtung der Nebelmaterie ist, als daß er von ausgedehnten Aesten, die gerade alle genau gegen uns zu gerichtet sein müßten, oder von der größern Tiefe der Schichten, durch welche unsere Gesichtslinie geht, herrühren sollte, weil das zufällige Zusammentreffen einer größern Tiefe, eines schmalen weit hinauslaufenden Astes, mit der Richtung unserer Gesichtslinie nicht so oft vorkäme. Es kann uns auch nicht befremden, solche Verdichtungen der Nebelmaterie zu finden; denn da in der ganzen uns näher bekannten Natur anziehende Kräfte wirken, warum sollte denn nicht auch diese Materie eben das Bestreben, sich gegen gewisse Mittelpuncte zusammen zu drängen, besitzen, dieses mag nun von einer zufällig hier zuerst schon stärkeren Anhäufung von Materie oder davon herrühren, daß gegen die Mitte der ganzen Masse alle am Umfange liegende Theilchen hingezogen werden. Ist eine solche anziehende Kraft wirklich der Grund jener Verdichtungen; so läßt sich leicht übersehen, daß der einmal so vorwaltend gewordene Mittelpunct nach und nach immer mehr von der umgebenden Nebelmasse zu sich hinziehen wird. Lagen also vorhin mehrere solche vorglänzende Mittelpuncte nahe neben einander in derselben zarten Nebelmasse; so wird in der Folge der noch übrige ausgebreitete Nebel sich immer mehr um die verschiedenen Mittelpuncte anhäufen, es werden also doppelte oder vielfache Nebel sich bilden, die nämlich jeder für sich rund, aber dicht neben einander stehend erscheinen. Und wirklich findet man eine große Anzahl doppelter und nicht ganz wenige vielfache Nebel, deren einige noch durch einen Rest von mattem, dünne zertheiltem Nebel verbunden, andre ganz davon frei sind. Wir haben also allen Grund, anzunehmen, daß diese Nebel aus einer einzigen ehemals sehr ausgedehnten Nebelmasse entstanden sind, in welcher Verdichtungen an mehrern

Stellen eine gänzliche Zerstörung bewirkten. Merkwürdig und vielleicht mit diesen Bemerkungen verwandt, ist die Beobachtung, daß gewisse Gegenden des Himmels überaus reich an Lichtnebeln sind, während wir sie in andern Gegenden fast gänzlich vermissen. Herschel führt einen ganzen durch mehr als 60 Grade fortlaufenden Streif, von dem sich noch ein andrer Nebenast abtrennt, an, der überaus reich an Nebel ist, und dagegen eine andre vom Steinbock bis gegen den Drachen ausgedehnte Gegend, wo es wenige Nebel giebt, und es ergiebt sich von selbst, wie diese Nebelsysteme sich aus dem Vorigen würden erklären lassen.

Wenn man die weniger ausgebreiteten Nebel betrachtet: so giebt es zwar unter ihnen höchst mannigfaltige Formen, sogar einzelne, die bei bedeutender Länge überaus schmal sind; aber die überwiegende Zahl ist doch die der runden Nebel, die wir mit allem Rechte als kugelförmig betrachten dürfen. Dieses Streben nach der Kugelform ist ein neuer Beweis für die waltende Attractionskraft, welche nun durch die Abstufungen von immer mehrerer Verdichtung um den Mittelpunct fast unwiderleglich dargethan wird.

Herschel führt mehrere Hunderte Lichtnebel an, welche rund sind, und zugleich diese von den äußersten Gränzen an allmählig in mehr oder minderem Grade zunehmende Verdichtung gegen den Mittelpunct zeigen. Bei einigen ist diese Verdichtung schwach, gleichsam erst anfangend; bei andern ist sie deutlicher, bei andern ist sie schon so weit vorgerückt, daß der

Nebel einem Cometen gleicht, dessen hellglänzender Kern mit einem in den Glanz des Kernes an der innern und in den dunkeln Himmel an der äußern Seite verwaschenen Nebel umgeben ist. Außer diesen Nebeln, in welchen die Verdichtung durch leise Uebergänge bis zum Mittelpuncte stärker wird, giebt es andre, deren sehr glänzender Kern mehr oder minder scharf von dem umgebenden schwachen Nebel geschieden ist. Ein solcher Kern scheint schon einen Zustand starker Verdichtung anzudeuten, gleichsam schon einen Körper festerer Art, den nur noch eine Nebelatmosphäre umgiebt, *) und vielleicht ist es ein Fortschritt zu noch stärkerer Verdichtung, wenn, wie es sich bei einigen Nebeln zeigt, der ganze Lichtnebel in einen kleinen kugelförmigen Raum zusammengedrängt ist, wenn ein vorzüglich schöner aber kleiner Kern mit einer äußerst dünnen Atmosphäre umgeben erscheint.

Diese Reihe von Erscheinungen läßt kaum noch einem Zweifel über die allmählige Verdichtung der feinen Nebel zu solidern Körpern Raum, und es kann kaum noch etwas Ueberraschendes in der Frage liegen, ob denn nicht auf diesem Wege sich Sterne bilden? — Obgleich die Beobachtungen diese Frage nicht geradezu beantworten: so reihen sich doch an die zuletzt erwähnten Nebel die Nebelsterne so unmittelbar an, daß man den Uebergang fast nothwendig anerkennen muß.

---

*) Ein Physiker würde vielleicht sagen, hier sei, nachdem die Verdichtung einen gewissen Grad erreicht hatte, der Aggregatszustand verändert, und der innere Körper zeichne sich darum so vor dem noch unveränderten Nebeldunste aus.

Die Nebelsterne nämlich zeigen sich nun nicht mehr als bloße Kerne verdichteter Nebel, sondern besitzen den vollen Sternenglanz, aber haben ganz deutlich eine Nebelschichte um sich, die bei einigen in der Nähe des Sternes dichter, und in der Ferne verwaschen erscheint, also ganz zu der Vermuthung leitet, daß der bisher nur noch matt, mit cometähnlichem Lichte glänzende Stern noch eine neue Veränderung seines Zustandes, vielleicht als letzten Grad der Verdichtung erfahren habe, und nun in den Zustand einer Sonne übergegangen sei.

Es scheint etwas ungewiß, ob ein andrer Zustand, welchen uns mehrere Nebelflecke zeigen, noch eine neue Uebergangsstufe zwischen dem Kernnebel und den Nebelsternen ausmacht, oder ob die Nebel, nachdem sie einen ausgezeichnet hellen Kern erhalten haben, nun auf zwei verschiedenen Wegen sich weiter ausbilden. Wir finden nämlich Nebel, die sich als runde Scheiben fast scharf begränzt, mit einem dem Lichte der Planeten ähnlichen Lichte zeigen, und von denen wir uns daher ganz wohl denken könnten, daß sie aus jenem Kernnebel entständen, indem der noch übrige feine Nebel sich ganz oder bis auf unbedeutende Ueberreste mit dem Kerne vereinigte.

Wirklich haben diese Nebel, die man am allerpassendsten planetenähnliche Nebel nennen kann, noch eine sehr kleine Hülle dünnern Nebels um sich, welche macht, daß ihre runde Scheibe nicht vollkommen scharf abgeschnitten erscheint, und zugleich uns ihren Ursprung aus zarterem Nebel ahnen läßt. Das matte Licht dieser sehr großen Körper, deren scheinbarer

Durchmesser 1 viertel Minute, 1 halbe Minute, ja selbst bei einigen wenigstens fast 1 ganze Minute beträgt, scheint nicht mit einem solchen Selbstleuchten, wie wir es an den Sternen und der Sonne kennen, vereinbar zu sein; und da an bloß zurückgeworfenes Licht eines völlig dunkeln Körpers hier doch auch nicht wohl zu denken ist: so bietet sich uns der Gedanke, als irdischen Uebereinstimmungen am meisten entsprechend dar, daß es undurchsichtige, bloß an der Oberfläche phosphorescirende Körper sein könnten, deren tiefere Schichten also nichts mehr zu Verstärkung des Lichtes der höhern Schichten beitrügen. Ob nun vielleicht diese planetenähnlichen Körper durch eine neue Veränderung ihres Zustandes in Sonnen übergehen, oder ob wir sie als eine wesentlich verschiedene Art von Körpern schon jetzt auf der letzten Stufe ihrer Ausbildung sehen, werden wir schwerlich mit Sicherheit bestimmen lernen. Auffallend ist es, daß mehrere von ihnen elliptisch sind, und uns also zu der Vermuthung leiten, daß eine Umdrehung um die Axe bei ihnen Statt finde, und sie folglich auch in dieser Hinsicht den uns näher bekannten Himmelskörpern ähnlich sein möchten.

Höchst merkwürdig ist auch die ungeheure Größe dieser Körper, deren scheinbaren Durchmesser wir bestimmt abmessen können. Sie übertrifft alles, was wir sonst von der Größe der Himmelskörper wissen; denn ein planetenähnlicher Nebel auch nur von 1 halben Minute Durchmesser, und nur etwa so weit entfernt als Sterne achter Größe, muß gegen 10 Billionen mal so groß als unsere Sonne sein, oder einen Durchmesser haben, welcher den fünffachen Durchmesser der Uranusbahn noch übertrifft. Wenn also vielleicht diese Körper durch eine neue Veränderung ihres Zustandes erst selbstleuchtende Sonnen werden, so dürften wir wohl vermuthen, daß auch sie noch aus sehr dünne vertheiltem Stoffe beständen, welches also bei den zarten Nebeln, die wir als die erste Quelle werdender Sonnen betrachtet haben, in noch weit höherm Grade der Fall sein muß.

Wenn wir auf alle diese Betrachtungen noch einen Blick zurückwerfen: so scheint, wofern unsere Vermuthungen nicht ganz unrichtig sind, fast der ganze Kreislauf von der ersten Bildung neuer Welten bis zu ihrem Untergange, ein Kreislauf, dessen Dauer vielleicht durch Billionen von Jahren nicht ausgedrückt wird, vor uns aufgeschlossen zu sein, ja wir können sogar eine Ahnung fassen, wie vielleicht das Ende sich wieder an den Anfang anknüpft, oder wie aus dem Untergange eines Sonnenheeres der zertheilte Stoff in die unendlichen Räume übergeht, um neue Sonnen zu bilden. Uns ist Eine Beobachtung überliefert, die fast durchaus einzig in ihrer Art dasteht, aber selbst völlig gewiß ist, *) die Erscheinung eines neuen Sternes, der heller als irgend ein andrer Stern, die Venus selbst an Glanz übertraf, und welcher nach einer Dauer von 16 Mo-

*) Man hat zwar wohl mehrere neuere Sterne beobachtet, aber keine dieser Beobachtungen kann eigentlich mit dieser verglichen werden, da veränderliche Sterne uns leicht täuschen können.

naten, nachdem sein Glanz allmählig abgenommen hatte, ganz verschwand, und nie wieder gesehen wurde. Der große Astronom Tycho de Brahe sah ihn 1572 am 11. November zuerst und sogleich als einen überaus hellen Stern. Er beobachtete ihn fortdauernd, fand aber seine Lage durchaus unverrückt.

Dieser Stern, der so räthselhaft, plötzlich entzündet erschien, konnte vielleicht ein in seinem Zusammensturze glänzend aufloderndes Sonnenheer sein, dessen Grundstoffe durch diese gewaltige Revolution verflüchtigt in den Weltraum zerstreuet wurden, um, als unendlich dünne Nebelmaterie vertheilt, neuen Weltkörpern zum Keime zu dienen.

Doch es ist Zeit, diesen kühnen Blicken, welche die Unendlichkeit des Raumes und die Unendlichkeit der Zeit zu durchdringen streben, ein Ziel zu setzen. Allzukühn mag es schon längst manchen geschienen haben, daß der Sterbliche wähnt, mit seinen Gedanken dieses Unendliche umfassen und den Plan der Weltenschöpfung ergründen zu können; aber diesen dürfen wir erwidern, daß wir ja nichts andres versucht haben, als in dem Buche der Natur zu lesen, welches gewiß darum vor unserm Geiste offen daliegt, damit wir es verstehen lernen sollen. Ob wir seine geheimnißvolle Sprache recht gedeutet haben, das zu enscheiden ist uns zwar nicht vergönnt; aber wenigstens haben wir gestrebt, sie so zu erklären, wie es der Einfachheit der Natur, und wie es der Würde Dessen angemessen erscheint, dessen Ehre die Himmel erzählen, und von dessen Güte die Erde voll ist.

Vermuthungen

der Astronomen

über die Natur der Cometen und ihrer Schweife.

Obgleich die Astronomen schon so viele Cometen beobachtet, für mehr als hundert die Bahnen berechnet haben, und fast jährlich neue Cometen auffinden; so sind wir doch über die eigentliche Natur der Cometen fast noch eben so ungewiß, als man es vor einigen Jahrhunderten war. Aus was für Materie ihre Schweife bestehen, wie sie sich bilden, ja selbst ob die Cometen eben so wie die Planeten als beständige Weltkörper, welche seit unermeßlichen Zeiten die Sonne begleitet haben, zu betrachten sind, — darüber sind wir noch immer ungewiß. Ueber die natürliche Beschaffenheit der Schweife scheint sich zwar aus den Beobachtungen das zu ergeben, daß sie aus selbstleuchtender Materie bestehen, und daß sie sich aus einem Stoffe bilden, der vom Cometen mit bedeutender Schnelligkeit nach der der Sonne entgegengesetzten Richtung ausströmt; aber diese Aufschlüsse leiten uns zu mehrern neuen Fragen, deren Beantwortung große Schwierigkeiten hat.

Daß wir hier einen Stoff kennen lernen, der selbstleuchtend und doch so dünne vertheilt ist, daß man selbst sehr kleine Sterne durch ihn sehen kann, würde uns wohl nicht so sehr befremden: denn theils kann uns doch der Gedanke nicht fremd sein, daß die Natur sich auf andern Weltkörpern ganz anders zeigen mag als auf der Erde, theils haben wir selbst auf der Erde eine freilich auch noch sehr räthselhafte

Lichterscheinung, das Nordlicht, die zwar lange nicht so ausgedehnt wie ein Cometenschweif ist, aber sonst doch manche Aehnlichkeit mit diesen Schweifen hat. Dagegen sind die Fragen, ob diese leuchtende Materie wirklich sich von dem Cometen entfernt, welche Kraft sie dazu antreibt, ob sie nun ganz im Weltmeere zerstreut wird, und ob dennoch die Cometen beständige Weltkörper sein können, — offenbar für unsere richtige Kenntniß dieses Gegenstandes von großer Wichtigkeit.

Es ist schon lange bekannt, daß der Schweif des Cometen sich immer an der von der Sonne abgekehrten Seite zeigt, und das giebt uns allerdings schon einige Andeutung über die Kraft, die ihn hervorbringen mag; aber noch wichtiger ist die Bemerkung, daß der Schweif allemal so gekrümmt ist, daß seine entfernteren Theile hinter der Richtuhgslinie die von der Sonne her über den Cometen hinaus verlängert wird, zurückbleiben. Diese Krümmung und zugleich das gegen die Zeit der Sonnennähe und nach der Sonnennähe erfolgende Wachsen der Länge des Schweifes, lassen sich sehr gut erklären, wenn man annimmt, eine Kraft treibe unaufhörlich die Schweiftheilchen von der Sonne abwärts. Denn es läßt sich leicht zeigen, daß wie die auf der Erde von großen Höhen herabfallenden Körper wegen der Umdrehung der Erde dem herabhängenden Lothe ein wenig voraus eilen,*) gerade ebenso die vom Cometen

*) Vgl. Vorlesungen über die Astronomie Thl. I. S. 121.

aufsteigenden Theilchen, (weil sie um immer neben dem Cometen zu bleiben, größere Bogen auf einer der Cometenbahn gleichlaufenden Curve durchlaufen müßten, als der Comet durchläuft,) hinter diesem zurückbleiben müssen. Auch das läßt sich zeigen, daß kurz vor und vorzüglich nach der Sonnennähe des Cometen die von jener Kraft beschleunigten und zugleich vermöge der dem Cometen eigenen Geschwindigkeit der Richtung desselben gleichlaufenden fortgeschleuderten Theilchen sich weit schneller als lange vor der Sonnennähe von dem Cometen entfernen müssen.

Die wichtigste Frage aber, die hier entsteht, ist, ob wir berechtigt sind, eine, durch keine andre Erscheinung im Sonnensystem erwiesene, von der Sonne abwärts treibende Kraft anzunehmen, und wie wir sie uns erklären sollen. Es läßt sich diese Frage auf einem rein mathematischen Wege untersuchen, und wenn wir nur eine große Anzahl vollkommen genauer Beobachtungen über die Schweife der Cometen hätten; so ließe sich vielleicht die Wahrheit auf diesem Wege am allersichersten finden. Die Untersuchung würde nämlich dann so angestellt, daß man eine solche von der Sonne abwärts treibende Kraft als in der That wirkend annähme; dann würde die Berechnung ergeben, wie sich bei diesen Voraussetzungen die Schweife uns zeigen müßten und folglich, ob die Erscheinungen, welche die Schweife uns darbieten, so sind, wie sie dieser Hypothese gemäß sein sollten. Es lassen sich hier mehrere Voraussetzungen über die Wirkungsart dieser abstoßenden Kraft machen, und indem man jede derselben mit genauen Beobachtungen vergleicht, findet man wenigstens, welche Voraussetzungen sich am besten mit der Beobachtung vertragen, welche Regel sich unter den Abweichungen der Beobachtung von unsern Theorieen findet; und daran knüpft sich doch endlich wohl eine Vermuthung über den Grund dieser Verschiedenheiten, das ist, über die wahre wirkende Ursache.

Es kann hier nicht meine Absicht sein, tiefer in die Resultate einer solchen Untersuchung einzugehen, und ich will daher nur etwas Weniges über die zwei am wesentlichsten verschiedenen Hypothesen sagen, die man aufgestellt, aber bisher noch nie genügend untersucht hat. Die erste ist, daß die Sonne wirklich eben so eine abstoßende Kraft gegen diese feine Schweifmaterie besitzt, wie sie eine anziehende Kraft für die Körper der Planeten und Kometen hat, und daß diese abstoßende Kraft in größerer Entfernung nach einem ähnlichen Gesetze wie die anziehende Kraft abnehme. Diese Voraussetzung ist in bloß mathematischer Rücksicht die einfachste, und sie schien durch den Cometen von 1811 eine Bestätigung zu erhalten, weil dessen Schweif sich gerade so zeigte, als ob die leuchtende Materie des Schweifes auch von dem Cometenkörper selbst abgestoßen würde. Bei diesem Cometen nämlich zeigte sich die zu einem langen Schweife ausgedehnte Lichthülle als getrennt vom Cometen, so als ob der Comet frei schwebe in einer hohlen Lichthülle, die ihn nach allen Seiten umgab; aber nach der von der Sonne abgewandten Seite sich in einen weit ausgedehnten sich immer mehr erweiternden Kegel verlängerte. Hier ward man also zu dem Gedanken geleitet, die leuchtende Materie entwickele sich aus dem Cometen, werde aber von ihm und zugleich von der Sonne abgestoßen; sie erhebe sich also gegen die Sonne zu bis zu dem Puncte, wo die Kräfte der Sonne und des Cometen einander gleich seien, und fließe dann, der Wirkung der Sonne folgend, neben dem Cometen vorbei von der Sonne abwärts in den unendlichen Raum ab. Alle Erscheinungen ließen sich, wenn man die Sache nicht sehr scharf untersuchte, hieraus erklären. Aber eine strengere Beobachtung zeigt doch, daß die Krümmung des Schweifes nicht genau so war, wie die Hypothese sie ergiebt, daß insbesondere der Schweif gleich zunächst am Cometen sich viel mehr von der Richtung, welche von derSonne abwärts geht, entfernt, als er sollte, und so scheint diese an sich sehr einfache Hypothese den Erscheinungen nicht zu entsprechen.

Eine zweite Hypothese setzt voraus, daß der ganze Himmelsraum mit einem freilich sehr dünnen, aber doch die Materie der Cometenschweife an Dichtigkeit übertreffenden Stoffe erfüllt sei. Es ist zwar gewiß, daß eine solche Materie sich nirgends als die Bewegung der Himmelskörper hindernd bemerken läßt, daß sie also viel zu dünne sein muß, um selbst in Jahrhunderten durch ihren Wiederstand merklich auf diese Bewegung einzuwirken; aber dennoch wäre es denkbar, daß sie uns bemerkbar werden könnte, wenn ein noch dünnerer Stoff in ihr aufsteigt. So nämlich hätten wir uns nun die Entstehung des Schweifes zu denken, als die Entwickelung einer feinen leuchtenden Materie, die dünner als jene in ihr aufstiege, die also wie der Rauch in der Luft, sich zuerst vom Cometen und dann auch von der Sonne, als dem Mittelpuncte, gegen den die schwerere Materie sich möglichst hindrängt, entfernte. Nach Herschel's Ansicht lassen auch für diese Hypothese sich die Erscheinungen des Cometen von 1811 benutzen. Nehmen wir nämlich an, der Comet habe eine Lufthülle um sich, in welcher die leichtere Schweifmaterie sich erhebt, so müßte die letztere sich ohngefähr in einer Kugelschichte über der erstern lagern; aber weil diese Schweifmaterie nun zugleich in jenem das ganze Sonnensystem erfüllenden Fluido aufstieg: so kam sie nur an der gegen die Sonne gewandten Seite zu einer solchen kugelförmigen Schichtung, nach der andern Seite hin strömte sie, einen hohlen kugelförmigen Schweif bildend, von der Sonne und vom Cometen abwärts fort.

Diese Hypothese scheint manches für sich zu haben; denn die Krümmung rückwärts, die der Schweif hat, läßt sich nun aus dem Widerstande, den der mit dem Cometen fortrückende Schweif findet, sehr wohl erklären; ja es scheint sogar, sofern man einer oberflächlichen Ansicht trauen darf, als ob das starke Zurückbleiben des Schweifes, welches man sogleich in der Nähe des Cometen bemerkt, dieser Hypothese wohl entspreche. Auch die Bemerkung, daß das Licht des Schweifes an der Seite, welche im Weltraume die vorangehende ist, stärker zusammen gedrängt erscheint, statt daß die hintere Seite sich mehr verwaschen zeigt, scheint hiefür zu sprechen; denn indem diese ungeheure Flamme in der feinen Himmelsluft fortgeführt wird, drängt vielleicht der Widerstand dieser die vorderen Theile gegen die zunächst folgenden und bringt so ein verstärktes Licht hervor, statt daß an der hintern Seite gleichsam ein Flackern (um ganz irdische Ausdrücke zu gebrauchen) ein zerstreutes Vertheilen der Flamme Statt findet. — Genauere Untersuchungen müssen künftig entscheiden, ob in der That die nach diesen Principien berechnete Gestalt des Schweifes der beobachteten Gestalt entspricht, und es läßt sich wohl hoffen, daß eine mathematisch strenge Untersuchung uns bedeutende Aufschlüsse über die Natur der Cometenschweife geben würde.

Jede dieser beiden Hypothesen führt uns zu der Behauptung, daß die Schweifmaterie, die bis dahin mit zum Körper des Cometen gehörte, nun für den Cometen ganz verloren gehe und sich gleichsam im unendlichen Raume verliere. Keine einzige von den Erscheinungen, die wir beobachten, berechtigt uns, ein Zurückkehren dieser Theilchen zum Cometen anzunehmen und wir können also nicht anders glauben, als daß wirklich eine Verminderung der Masse des Cometen, indem er der Sonne nahe kommt vorgehe. Vielleicht ist diese Verminderung der Masse nicht so überaus erheblich: denn allerdings scheint die Materie des Schweifes überaus dünne zu sein; aber dennoch ist ein Abgang von Materie, die einen Raum von 20 Millionen Meilen lang erfüllt, die sehr schnell zu strömen scheint und deren Abfluß wenigstens Monate lang dauert, nicht ganz und gar geringe zu achten. Wie besteht denn diese stete Verkleinerung des Cometen mit der Meinung und mit der bei einigen Cometen erwiesenen Gewißheit, daß diese Körper beständige Begleiter der Sonne sind? Wir können diese Frage nicht anders beantworten, als durch die Vermuthung, daß die Cometen während ihrer lange dauernden Entfernung von der Sonne neue Materie wieder aufnehmen. Ist das gegründet, was Herschel über die Natur der Nebelflecke mit großer Wahrscheinlichkeit annimmt; so ließe es sich sehr wohl denken, daß der Comet auf seiner weiten Reise auf solche Lichtnebel träfe, sich etwas von ihrer Materie aneignete und so mit vermehrter Masse zur Sonne zurückkehrte. Und dann ließe sich auch das was Herschel über die Natur der Cometen geäußert hat, als sehr glaublich ansehen, daß sie bei jeder Sonnennähe von der ihnen anklebenden flüchtigen Materie mehr und mehr befreiet und so dem planetenähnlichen Zustande näher gebracht werden, und daß wir folglich die Cometen, welche bei erheblicher Annäherung zur Sonne doch ohne große Schweife erscheinen, als solche betrachten müssen, die von flüchtiger Materie schon mehr befreiet sind, also theils schon öfter durch die Sonnennähe gegangen sein müssen, theils auch in ihrer Sonnenferne weniger neue nebliche Materie in sich aufgenommen haben. Das höchst ungleiche Ansehen der Cometen giebt allerdings große

Veranlassung zu solchen Vermuthungen. Denn ganz gewiß mußte die Materie des Cometen von 1811 von sehr flüchtiger Natur, also nach dieser Ansicht der Comet noch selten in der Sonnennähe gewesen sein, da er in einer Entfernung von der Sonne, die immer größer blieb, als die Entfernung der Erde von der Sonne, schon diesen starken Abgang an Materie erlitt; dagegen zeigte sich der Comet von 1807 als ein viel soliderer Körper, obgleich er der Sonne viel näher kam; und nach Herschel's Bemerkung war die Wirkung der Sonne auf den dem bloßen Auge unsichtbaren Cometen von 1812 kaum erheblich größer als auf einen Planeten, obgleich dieser letztere Comet nur etwa 16 Millionen Meilen von der Sonne entfernt blieb, also ihr sehr viel näher war, als der Comet von 1811.

Nach dieser Ansicht könnten also die Cometen obgleich großen Veränderungen unterworfen, dennoch sehr wohl beständige Weltkörper sein. Vielleicht entstehen sie, wie auch Laplace annimmt, aus solchen Lichtnebeln, wie die sind, die wir als Nebelflecken sehen, und werden durch die anziehende Kraft der Sonne genöthigt, sich um diese zu bewegen. Mag dann auch ein Theil dieser Materie in der Sonnennähe gleichsam verloren gehen, um zu neuen Bildungen von Nebelflecken Stoff zu geben, so wird doch der übrige Theil der Masse seine Bahn um die Sonne fortsetzen, und wenn diese Bahn elliptisch ist, zu ihr zurückkehren, hingegen wenn sie eine ins

Unendliche hinauslaufende Gestalt hat, wie die Parabel und Hyperbel, zu andern Sonnen hinübergehen und, freilich nach einer ungeheuer langen Zeit, die er in der Mitte zwischen diesen Sonnen zubringen würde, seinen Lauf als einem andern Sonnensysteme zugehörend fortsetzen.

Das

Brockengespenst.

Es giebt manche Naturerscheinungen, die dadurch, daß sie an bestimmten Orten oder unter gewissen, selten zutreffenden Umständen wahrgenommen werden, eine gewisse Berühmtheit erhalten haben, während nahe verwandte Erscheinungen unbemerkt bleiben, die man unter ganz gewöhnlichen, oft eintretenden Umständen beachten kann. Zu jenen Erscheinungen gehört das Brockengespenst, welches zu sehn fast jeder wünscht, der den Brocken besteigt, und welches so selten, dem neugierigen oder wißbegierigen Besucher des Brockens sich zeigt. Bekanntlich besteht die Erscheinung darin, daß man bei aufgehender Sonne sein eignes Schattenbild auf einem die Luft erfüllenden Nebel sieht, daß man aber nur die dem Auge ziemlich nahen Gegenstände so abgebildet sieht, und daher das Schattenbild der entferntern Personen nicht bemerken kann, obgleich diese eben so gut ihr eignes Schattenbild sehn. Die Erscheinung hat gewiß dort auf einem so hohen Standpuncte, wo das weit in die Ferne hinaus liegende Bild riesengroß erscheint, etwas weit imposanteres, und verdient daher die erlangte Berühmtheit; aber gleichwohl ist es wahr, daß dieses vornehme Gespenst sehr nahe Verwandte hat, die im niedern Staube wohnen und (wie es zu geschehen pflegt,) ihr flüchtiges Dasein unbemerkt vollenden; eine etwas auffallendere Beobachtung dieser letztern giebt mir hauptsächlich die Veranlassung zu diesem kleinen Aufsatze.

Daß das Brockengespenst nicht diesem Berge allein eigen ist, wird man (vorausgesetzt, daß der Leser aufgeklärt genug ist, um an keine Walpurgisnacht mehr zu glauben) wohl vermuthen, auch hat Bouguer die Erscheinung auf einer Spitze der Peruanischen Gebirge vorzüglich schön, den Kopf des Schattens sogar mit farbigen Ringen umgeben, gesehen, und es würde wohl nicht schwer sein, noch mehrere Fälle ähnlicher Art aufzufinden. Die Erscheinung ist nicht so gar häufig, weil sie einen heitern Sonnen-Aufgang, oder Sonnen-Untergang, doch aber auch einen die Luft erfüllenden Nebel fordert, der dicht genug ist, um dem Auge kenntlich zu werden, während er doch dünne genug ist, um die Sonne nicht zu verdecken; denn der günstigste Fall, wo eine Nebelmasse oder eine Wolke dem Beobachter sehr nahe in Westen steht, während die Sonne in Osten aufgeht, ist gewiß ein noch seltnerer.

Wenn der Beobachter mit leichtem Nebel umgeben ist, und nun sein Auge nach einer Richtung, genau der aufgehenden Sonne entgegen gesetzt, wendet; so sieht er in dieser Richtung auf lauter beschattete Nebeltheilchen, die nämlich in dem Schatten seines eignen Kopfs liegen, und wenn die Nebelmasse sich 100 Fuß weit (oder weiter) erstreckt; so werfen die sämmtlichen im Schatten des Kopfes liegenden Neweltheile gar kein Sonnenlicht zurück, die daneben liegenden dagegen sind erleuchtet, und da die große Zahl der hinter einander liegenden Theilchen Licht genug reflectirt, um sichtbar zu werden, so sieht das Auge den den Schatten des Kopfs umgebenden Nebel weiß, den Schatten dagegen schwarz. Was hier von dem Schatten des Kopfes gesagt ist, gilt auch noch von den Schatten derjenigen Körper, die dem Auge ziemlich nahe liegen; auch in den von ihnen beschatteten Nebeltheilchen **C E** Fig. 6 geht die Gesichtslinie vom Auge **A** aus, durch **B D** weit genug fort, um in dieser Richtung ein merkliches Dunkel, das ist einen Schatten des Gegenstandes **C** zu sehn; für entferntere Gegenstände **H** dagegen findet dies nicht mehr statt, und indem das Auge nach einer oder der andern Gegend des Schattens **H K** sich hin wendet, senden ihm die erleuchteten Nebeltheilchen **A F** schon zu viel Licht zu, um den Mangel an Erleuchtung in dem kurzen Raume **F G** wahrzunehmen. Aus diesem Grunde sieht jeder nur sein eignes Schattenbild, wenigstens dann, wenn die übrigen Beobachter ihm nicht sehr nahe stehn.

Daß die Erscheinung sich nur bei sehr niedrigem Stande der Sonne zeigen kann, erhellt gleichfalls aus dieser Erklärung; denn bei höherm Stande der Sonne ist der ganze Schatten **C E** durch den nahe liegenden Boden begrenzt und die wenigen Nebeltheilchen zwischen dem Auge und dem den Schatten abschneidenden Boden werden gar nicht bemerkt, weshalb der Schatten nicht im Nebel, sondern auf dem Boden erscheint. Steht man hoch genug, um die Nebelschichte zu erkennen, so sieht man seinen Schatten auch bei höherm Stande der Sonne auf dem Nebel, wie ihn Scoresby in den dicken eine niedrige Schichte bildenden Polarnebeln sah, wenn er sich auf der Spitze des Mastbaumes befand.

Ich gehe jetzt zu der Beschreibung einer Erscheinung über, die mir zunächst zu dieser kleinen Abhandlung Gelegenheit gab, und bei deren Erklärung noch einige Nebenumstände zu berücksichtigen sind. Als ich im Jahre 1828 in den ersten Tagen des Septembers, eines Geschäftes wegen mich einige Tage in Halle aufhalten mußte, machte ich alle Morgen einen kleinen Spatziergang und kam bei diesen frühen Spatziergängen einmal gleich nach Sonnen-Aufgang, während ein merklicher Rauch oder Nebel auf der Stadt lag, an die Westseite der Stadt. Hier fiel mir auf, daß über den Spitzen der Thürme ihr umgekehrtes Bild im Nebel schwebte, und daß dieses für jeden Thurm desto deutlicher wurde, je näher ich mich an dem Schatten eben dieses Thurmes befand. Obgleich ich den Grund dieser Erscheinung sehr bald übersah, so will ich die Erklärung, die eine Berücksichtigung des scheinbaren Durchmessers der Sonne fordert, hier mittheilen. Wenn man die Grenzen des Schattens als parallel, (die Sonne als einen unendlich entfernten Punct,) ansieht; so muß man sich den Schatten als durch parallele Linien **Aa**, **Bb**, **Cc** und so ferner (**Fig.** 7) begrenzt denken, und ein Auge, das, etwa in f stehend, aufwärts blickte, müßte zwar in der Mitte **Aa** den Schatten am schwärzesten sehn, weil die Gesichtslinie da bis an **H** durch Schatten geht, an den Seiten nur etwa bis an **I** oder **i**; aber eine umgekehrte Pyramide könnte man dann nicht über dem Thurme sehn. Die Mitte des Schattens würde sich nämlich in der Richtung **fK** fast eben so dunkel als in **fH** zeigen, und die allmählig minder dunkeln zur Seite liegenden Theile des Schattens würden beinahe gleich dunkel in jeder zur Mittellinie parallelen Linie erscheinen. Der Schatten läuft nun aber nicht unbegrenzt nach **a d e** fort, wenn die Sonne eine so bedeutende scheinbare Größe hat, wie sie es wirklich hat. Wenn wir einen Gegenstand von 1 Fuß breit vor der Sonne sehn; so ist sie uns ganz verdeckt, so lange wir uns noch nicht 100 Fuß von dem Gegenstande entfernen, dagegen sehn wir die Sonne schon rechts und links neben dem Gegenstande vorbei, sobald eben dieser Gegenstand etwas über 100 Fuß von uns ist, und hier befinden wir uns also nicht mehr im vollen Schatten des Gegenstandes. Je breiter der Gegenstand ist, desto länger hinaus erstreckt sich sein voller Schatten, und der Schatten des Thurms ist als an der Spitze in sehr geringem Abstande begrenzt, während der breitere Theil der Pyramide seinen Schatten schon sehr weit hinaus wirft. Ich zeichne in **Fig. 8** den Schatten so, wie er bei einem noch größern Durchmesser der Sonne sich zeigen würde, und nehme an, daß selbst der breite Schatten des untern Theiles schon in **LM** begrenzt ist. Hier stellen **CEL**, **BDM**, **GHN**, **IKO**, **PQR** die in verschiedenen Höhen genommenen horizontalen Querschnitte des Schattens vor. Steht nun das Auge in **f**, so erhellt sogleich, daß die ganz nahe oberhalb der Spitze eintreffende Gesichtslinie **fA** den am dunkelsten erscheinenden Schatten trifft, weil sie bis an **A** durch gar keine erhellte Nebeltheile geht; etwas minder dunkel, aber breiter erscheint der Schatten in der Richtung **fg**, **fh**; diese Gesichtslinien gehen nämlich schon bei s, t, aus dem beschatteten Raume hervor, aber wenn sie nach den Grenzen s und t gezogen sind; so erhellt, daß der Schatten hier eine, ihrer Divergenz angemessene, Breite hat; daß eben die Betrachtung auf die Gesichtslinien **fi**, **fk** anwendbar ist, daß aber der Schatten in dieser Richtung noch schwächer, und zugleich noch breiter erscheint, erhellt leicht. Der Schatten also, so wie er sich dem Auge in f darstellt, ist am schmalsten dicht an der Spitze, breiter und immer breiter dagegen, wenn man nach Richtungen **fk** über die Spitze hinauf sieht. Nun bleibt es freilich unentschieden, ob wir den Schatten auf die verticale Stellung **Aik**, oder auf die horizontale **Axz**, oder auf eine andere referiren wollen; es scheint aber, daß alle Beobachter am gewöhnlichsten das Bild in **Aik** zu sehen glauben, nur wenn man (wie ich es damals in Halle, weil die Erscheinung sehr lebhaft war, konnte,) den Schatten bis zum Zenith verfolgt, so empfindet man die Unsicherheit über die wahre Lage des angeblichen Bildes, und ich bin überzeugt, daß wer es bei solchen Umständen genau beobachtet, der wird die hier gegebene Erklärung als richtig anerkennen. Ich habe das Auge f als in der Mitte des Schattens stehend angenommen, weil dies die vortheilhafteste Richtung ist; aber man darf bei hinreichend dichtem Nebel etwas seitwärts vom Schatten stehn, und sieht dennoch die Erscheinung deutlich genug. Das Phänomen kann übrigens nicht ganz selten sein, da vorzüglich über größern Städten um die Zeit des Sonnen-Aufgangs so oft ein Nebel, gerade dünne genug, um die Sonnenstrahlen durch zu lassen, zu liegen pflegt.

Schlüßlich erwähne ich noch ein weit geringfügigeres Phänomen, von dem ich gar nichts sagen würde, wenn es nicht doch in der That von einigem Interesse wäre, zu zeigen, daß ganz ähnliche Erscheinungen, wie das Brockengespenst, uns sehr oft im Staube der Chaussee umschweben. Wenn man bei sehr niedrigem Stande der Sonne auf einem von Norden nach Süden gehenden Wege fährt, so daß die Sonne senkrecht gegen die Richtung des Weges ihre Strahlen auf denselben wirft, so sieht man oft, beim Hinausblicken nach der der Sonne entgegengesetzten Seite Schatten in den Staubwolken, über deren Ursprung man, bei schnellem Fortfahren, oft nicht so leicht zu einer klaren Ansicht kömmt. Bei langsamerem Fahren oder wenn man an dem Orte bleibt, wo sich ein solches Schattenbild zeigte, sieht man sehr bald, daß es der auf die Staubwolke fallende Schatten eines Baumes oder eines andern Gegenstandes ist, der sich zwischen uns und der Sonne befindet. Dies ist genau eben die Erscheinung wie das Brockengespenst, und unter günstigen Umständen kann man auch hier seinen eignen Schatten sehn. Die Staubwolke muß aber sehr dick sein, damit sie die hinter ihr liegenden Felder hinreichend verberge, und den Schatten, als auf der Staubwolke sichtbar, darstelle.

Ueber

Abbruch und Anwachs

an den Ufern des Meeres und großer Meerbusen.

Obgleich die Veränderungen, welche die Meeres-Ufer im Laufe der Zeit erleiden, vorzüglich für die Bewohner dieser Ufer von Wichtigkeit sind, indem die damit verbundenen Nachtheile oder Vortheile ihnen gewöhnlich schneller oder langsamer fühlbar werden; so ist doch das Phänomen des Landverlustes in manchen Gegenden und des Landgewinnes in andern Gegenden auch als Gegenstand der physischen Geographie merkwürdig, und verdient daher wohl, daß auch der Freund der Naturkunde dabei verweile.

Die Umstände, welche auf Anwachs und Abbruch der Ufer gewirkt haben, und wirken, sind höchst mannigfaltig, und eben daraus gehen auch sehr ungleiche Erfolge hervor; um daher mich nicht zu weit zu verbreiten, beschränke ich meine Bemerkungen vorzüglich auf die Gegenden an der Nordsee, an der Elbe, Weser und Jahde, die ich näher kenne, und die ich zum Theil zehn Jahre lang fortwährend beobachtet habe. Der größte Theil der See-Ufer von der Elbe bis jenseits der Jahde besteht aus Marschland, das ist aus einem niedrigen fruchtbaren Boden, welcher nicht so hoch liegt, als das Meer bei ungewöhnlich hohen Fluthen steigt, und diese Gegenden würden daher den Ueberschwemmungen unterworfen sein, wenn man sie nicht durch Erddämme, (Deiche) gegen dieselben schützte. Obgleich die Entstehung dieser Marschländer weit über unsre historische Kenntniß dieser Gegenden hinaus liegt; so halten wir uns doch mit Recht überzeugt, daß sie sämmtlich als Alluvionen, als angewachsenes Land anzusehen sind, und da wir ähnlichen Anwachs noch täglich entstehen sehn, so würden wir den Ursprung dieser Alluvionen ganz zu übersehen glauben, wenn nicht der Umstand, daß der größte Theil dieser Ufer jetzt seit Jahrhunderten starken Abbruch, leidet uns zu der Frage führte, wie denn an eben den Orten der ausgedehnteste Anwachs hat statt finden können, wo jetzt und wo schon seit unbestimmbar langer Zeit Land verloren geht. Man hat diese Veränderung durch zwei Voraussetzungen erklärt, die beide, obgleich historisch nicht erweislich oder höchstens unvollkommen begründet, allerdings einen so veränderten Erfolg begreiflich machen. Die eine Voraussetzung ist, daß in den aller ältesten Zeiten England mit Frankreich durch eine Erdzunge verbunden gewesen sei, und daß da also die Strömungen des Meeres sich gar nicht so wie jetzt an den deutschen und holländischen Ufern hingezogen hätten, weshalb diese Ufer sich unter Umständen befinden konnten, die den Anwachs begünstigten. Die Gründe für diese Meinungen hat von Hoff zusammen gestellt, der wichtigste darunter ist die genaue Uebereinstimmung der Beschaffenheit beider Ufer des Canals, die einen ehmaligen Zusammenhang der Küsten Englands und Frankreichs glaublich macht; aber die Entstehung des jetzigen Canals muß auf jeden Fall schon vor mehreren Jahrtausenden statt gefunden haben, indem nicht einmal eine Sage von diesem großen Ereignisse auf die Zeiten der Römer gekommen zu sein scheint. Die zweite Voraussetzung ist, daß die Inselreihe, welche sich jetzt noch vom Texel bis Wangeroog fort erstreckt, ehmals noch weiter gegangen sei, ja vielleicht eine zusammenhängende, nur dem Ausflusse der Ströme Oeffnungen darbietende Beschützung der hinter ihr anwachsenden Marschländer ausgemacht habe. Der unaufhörliche Abbruch dieser Inseln, die man jetzt durch künstliche Mittel zu erhalten sucht, zeigt deutlich, daß sie vor Jahrhunderten viel größer gewesen sein müssen, und da Plinius (hist. nat.) auch ihre Zahl größer angiebt, als wir sie jetzt finden; so kann man es als entschieden ansehn, daß sie ehmals den Ufern von Holland bis Holstein weit mehr Schutz gewährten und auch denjenigen Ufern mögen Schutz gewährt haben, die jetzt von der Jahde bis gegen die Elbe hin, ganz dieses Schutzes beraubt sind, indem dort nur die einzige Insel Neuwerk am linken Ufer der Elbe noch übrig ist. *) Diese Inseln selbst bestehn größtentheils aus Sanddünen, und einem unter dem Schutze dieser angewachsenen niedrigen Lande, und wenigstens das

---

*) Der Name Mellum, der ehmals eine Insel zwischen der Jahde und Weser bezeichnet haben soll, hat sich noch erhalten, obgleich die Gegend des Wattes, der hohe Weg, jetzt sich nur noch durch eine wenig höhere Lage als das übrige Watt auszeichnet.

Entstehen der Sanddünen muß einer andern Zeit angehören, von der ich hier gar nicht reden will. Alle diese Inseln liegen auf einem hohen Watte, das ist, auf einem Grunde, der zwar von der Fluth mehr oder minder hoch täglich überschwemmt wird, der aber doch bei der Ebbe ganz von Wasser entblößt erscheint. Man kann daher zu mehreren dieser Inseln zu Fuße oder zu Wagen hinüber kommen und hat nur an wenigen Stellen, wo das vom Watte abfließende Wasser sich tiefere Rinnen gebildet hat, die Unannehmlichkeit, durch Wasser, das, nach Verschiedenheit der mehr oder minder günstigen Ebbezeit, 1 oder 2 Fuß oder mehr tief sein kann, hindurch zu müssen; aber eben diese Baljen oder Ausflüsse sind es denn auch, die zumal bei schnell anwachsender Fluth, das überraschende Schauspiel darbieten, an eben dem Orte, wo man so eben noch mit dem Wagen fahren konnte, nach wenigen Minuten Schiffe, die 4 Fuß und darüber tief gehn, fahren zu sehen, indem um die Mitte der Fluth das Wasser in diesen Gegenden einen Fuß in der Viertelstunde und bei Westwinden oft noch schneller steigt. *)

---

*) Die Fahrt von dem Ufer bei Ritzebüttel nach Neuwerk bietet viel Interessantes dar. Jenes Ufer endigt sich in Dünen, die an einigen Stellen nicht viel höher als die höchsten Sturmfluthen sind und sich mit der leisesten Abdachung gegen das Watt herabsenken, dessen harter Sandboden, wenn er auch mit Wasser bedeckt ist, einen vollkommen sichern fahrbaren Boden darbietet. Der größte Theil des Weges wird, wenn man gegen die Mitte der Ebbe erst abfährt, auf einem von Wasser entblößten Boden

Der Boden dieser Watten besteht meistens aus festem Sande, der zwar, weil er ganz mit Wasser

---

vollendet, und da er durch eingegrabne Baaken (Merkmale) bezeichnet ist, und man nie ohne einen vollkommen der Gegend kundigen Lootsen die Fahrt macht; so erlangt man bald die Ueberzeugung, daß die Fahrt ohne Gefahr ist. Nähert man sich aber der Insel Neuwerk, so kömmt man an einige tiefere Ausflüsse der vom Watte herabstürzenden Gewässer, wo man selbst in der besten Ebbezeit bis an die Axen im Wasser fahren muß, und neben sich Schiffe sieht, die noch vor kurzer Zeit flott waren. Diese Schiffe, die sich fast immer hier finden, betreiben das Geschäft des Muschelnfahrens; es giebt nämlich viele Gegenden auf diesen Watten, wo sich ganze Muschelbänke ansetzen und sich immer erneuern, wo man daher diese Muschelschalen in großen Quantitäten mit Schaufeln zusammen häuft und ganze Ladungen zum Kalkbrennen in mäßig kurzer Zeit zusammenbringt. Hat man die vortheilhafteste Ebbezeit ein wenig versäumt, so daß die herandringende Fluth schon stark im Steigen ist, so kann man unter guter Leitung an den richtigen Stellen dennoch diese Baljen passiren und dann ganz in der Nähe schon Schiffe von gar nicht unerheblicher Größe unter Segel sehn; in diesem Falle hat man dann freilich, besonders wenn man nach dem festen Lande zu fährt, wo man die größere Hälfte noch vor sich hat und auf einem äußerst schwach sich hebenden Boden vorwärts kömmt, die Aussicht, den größten Theil des Weges von einem weit ausgedehnten Wasser, das abwechselnd 1 Fuß, und auch wohl etwas mehr, tief ist, umgeben zu sein, und diese fast unabsehbare sich ausdehnende Wasserfläche hat etwas Abschreckendes, aber nichts wirklich Gefährliches, sobald man sicher ist, keine tiefere Stelle von einiger Bedeutung mehr vor sich zu haben. Unter den Merkwürdigkeiten dieser Fahrt sind die Erscheinungen der Strahlenbrechung nicht die unbedeutendsten. Man sieht, wenn man gegen das feste Land zu fährt, die ganze Küste von der Ecke an, wo das Elb-Ufer anfängt, auf mehrere Meilen weit gegen die Weser zu fortgehn, und an den meisten Tagen sieht man die Gegenstände des Ufers nicht in der Gestalt, wie man es auf undurchdrungen und sehr fein ist, einem mit der Hand hin und her bewegten Stabe oder Pfähle leicht tief einzudringen erlaubt, und der die durch den Wellenschlag hin und her gerüttelten schweren Gegenstände allmählig ganz verdeckt, der aber doch dem Gehenden oder Fahrenden eine so harte Bahn darbietet, daß selbst ein schwerer Wagen nur eine geringe Spur zurückläßt.

Unter den Umständen, welche aus dem früheren Zustande dieser Gegenden ihre Erklärung erhalten müßten, und wozu uns die Erklärungsgründe großen Theils fehlen, verdient auch die ungleiche Lagerung der Erdschichten in manchen Gegenden jener Marschländer bemerkt zu werden. In allem Anwachse, den wir jetzt beobachten und unter unsern Augen entstehen sehn, ist, so viel ich weiß, die Erde bis zu erheblicher Tiefe fast ganz gleichartig; in den alten Marschen dagegen findet man weit ausgedehnte Lagerungen verschiedener Erdschichten. In dem Butjahdinger Lande, welches der äußerste Theil des zwischen der

---

ebnem Lande gewohnt ist, wo die Strahlenbrechung sich nicht so zeigen kann. Das gewöhnlichste, vorzüglich wenn die Luft etwas kühl und der Boden nebst dem Wasser erwärmter ist, besteht darin, daß die Gegenstände unterwärts gespiegelt in der Luft zu schweben scheinen; aber auch andre, zuweilen schnell wechselnde Erscheinungen kommen vor (vergleiche den folgenden Aufsatz). Und da man über dem Großen das Kleine nicht vergessen muß, so will ich doch auch noch die Regenbogen erwähnen, mit welchen die hier immer aufspritzenden Wassertropfen bei richtiger Stellung des Auges wenn es nämlich Sonnenschein ist, den Wagen fortwährend umgeben.

Weser und Jahde liegenden Marschlandes ist, findet man in der Tiefe einen ähnlichen mit Muschelschalen gemischten Sandboden, wie er noch jetzt in dem oben beschriebenen Watte gefunden wird, darauf liegt eine sehr fruchtbare Erdschichte von grauer oder bläulich grauer Farbe, die aber mit einer unfruchtbaren Thon-Erde bedeckt ist; jene heißt bei den Einwohnern Wühl-Erde, weil man sie durch eine Arbeit, die jedoch weit regelmäßiger ist, als der Name: Wühlen, anzuzeigen scheint, auf die Oberfläche bringt, *) diese dagegen heißt Knick oder in andern Gegenden Dwo, Dwog. Ueber der letzten liegt immer eine Schichte fruchtbarer Erde, die aber an manchen Orten nicht dick genug ist, um gepflügt zu werden, weshalb in diesen Gegenden das Land nur zum Viehweiden benutzt wird. Jene thonige Schichte, der Knick, ist an verschiedenen Orten sehr ungleich dick, in einigen Ge-

*) Diese Arbeit besteht nämlich darin, daß man ein, noch in seinem natürlichen Zustande gebliebenes Stück Land mit parallelen Ausgrabungen der ganzen Länge nach durchzieht; die obere Erde, welche etwa ½ Fuß tief ist, wird auf die Mitte der Aecker zwischen diese Gräben geworfen, der Knick dicht am Rande der Gräben aufgeschichtet, die tiefer liegende Wühl-Erde aber über diese hinüber in die Mitte der Aecker geworfen. Hat man die letztere entweder bis zu der ganzen Tiefe, die sie einnimmt, oder so tief, als sie sich noch bequem herauf werfen läßt, herausgearbeitet, so werden die Wühlgräben mit dem am Rande aufgeschichteten Knick wieder gefüllt, die gute Erde in gerundete Aecker, gegen jene niedrig bleibenden Stellen sich senkend, geebnet, und das Land ist nun auf eine Reihe von Jahren ausgezeichnet fruchtbar, und behält den Vorzug einer dicken fruchtbaren Erdschichte immerwährend.

genden so dick, daß es nicht mehr ausführbar ist, die unten liegende bessere Erde herauf zu bringen, und solche Gegenden sind dann für immer nur zur Viehweide oder zu einem sehr beschränkten Kornbau brauchbar, glücklicher Weise aber geben sie die schönsten Viehweiden.

Von diesen Erdschichten scheint im Lande Hadeln, an der Elbe, gar nicht die Rede zu sein, sondern dieses höchst fruchtbare Ländchen scheint von seinem Ursprunge an, so wie die jetzt in geschützten Gegenden anwachsenden Ländereien, bis zu bedeutender Tiefe hinab fruchtbare Erde zu haben. Die wenigen Orte, die sich zu Ziegelbrennereien eignen, müssen hierin wohl eine Ausnahme machen. Auf der Insel Neuwerk hingegen erinnere ich mich eine dünne Schichte thoniger Erde wenigstens an einigen Stellen gefunden zu haben.

Wie diese verschiedenartigen Erdschichten entstanden sind, was ihre ungleichen Lagerungen bewirkt habe, und durch welche Umstände bald die eine, bald die andre Erd-Art eine Anwachsschichte bildete, darüber scheint sich nichts Bestimmtes sagen zu lassen, und wir müssen wohl annehmen, daß die Veranlassungen zu so ungleichen Schichtungen in dem jetzigen Anwachse jener Gegenden nicht mehr statt finden. Der größte Theil dieser Uferländer ist jetzt da, wo sie am offnen Meere liegen, dem Abbruche ausgesetzt, aber manche Gegenden giebt es noch, die sich in einem ruhigen Beharrungsstande befinden. Alle die Gegenden, wo dies statt findet, haben einen sehr flach ablaufenden Strand und finden darin ihren wichtigsten Schutz. Zwischen der Weser und Jahde zum Beispiel, wo ein weit ausgedehntes Watt sich bis auf 2 Meilen vom Ufer erstreckt, geht der höchste Theil dieser Wattgegend ungefähr in der Mitte zwischen Weser und Jahde vom Ufer abwärts und hier schließt sich der Wattgrund allmählig abfallend so an das Ufer an, daß dieses nirgends eine steile Kante darbietet, weshalb hier kein Abbruch statt findet. Da die dem Ufer parallele Strömung, die bei der Ebbe das Wasser an der einen Seite der Weser, an der andern Seite der Jahde zuführt, (weil der Abfluß gegen das entferntere Meer nicht so lebhaft statt findet,) hier ihre Scheidung hat, so ist kein Grund vorhanden, warum dieser Vorgrund sich vertiefen sollte, und es erhellt daher ein Grund, warum hier das Ufer in seinem Zustande bleibt. Da hingegen, wo das von jener höhern Gegend mit dem Ufer parallel abfließende Wasser eine Erniedrigung des Wattes bewirkt, da kömmt es sehr leicht dahin, daß das Ufer einige Fuß hoch über dem Watte hervorragt, dann aber, weil es dem Wellenschlage eine steile Kante darbietet, auch unfehlbar einen mehr oder minder erheblichen Abbruch leidet. Obgleich nämlich die Wellen, besonders bei Fluthen, welche die gewöhnliche Höhe um einige Fuß übersteigen, die vorzüglichste Ursache des Abbruchs sind; so sind sie es doch nur da, wo sie schon ein steiles Ufer finden. An einem flach abhängigen Ufer, wo vielleicht auf 20 — auf 50 Fuß Breite nur ein Fuß Fall statt findet, verlaufen sich selbst beim Sturme die Wellen, indem sie, so lange das Ufer noch nicht überschwemmt ist, gar keine erhebliche Höhe erreichen und auf einem so flachen Boden sogar schon weit vom Ufer sich nicht mehr hoch aufthürmen können. Bei sehr hohen Fluthen, die jedoch selten sind, wo auch über solchen Ufern ziemlich hohe Wellen fortlaufen, bietet sich ihnen kein Widerstand dar, der ihren Fortgang plötzlich hemmte, weshalb sie nur mit derjenigen Gewalt, mit welcher sie überall auf den Boden wirken, auch hier allenfalls den Schlamm und die lockere Erde fortführen, aber den festern Boden gar nicht angreifen. Wie viel geringer übrigens auch die Höhe der Wellen über diesem höhern Boden ist, als da, wo ein tieferes Wasser ihnen gestattet, sich mehr auszubilden, davon kann man sich am Meeres-Ufer bei jedem Sturme und nach jedem Sturme überzeugen. Da, wo der Deich an einem Vorgrunde liegt, der täglich überschwemmt wird, über dem die höhere Fluth vielleicht eine Höhe von 8 oder 10 Fuß erreicht hat, sieht man die Wellen über diese mittlere Wasserhöhe hoch hinaufschlagen und findet nach dem Sturme die vom Wasser angeschwemmten Körper, Stroh und dergleichen hoch hinauf am Deiche liegen; geht man aber auf dem in derselben Richtung fortlaufenden Deiche bis dahin fort, wo er ein beträchtlich über die tägliche Fluth vorragendes grünes Vorland, ich will annehmen 5 Fuß höher als an der ersten Stelle, vor sich hat, da gehen die Wellen nur höchst unbedeutend über jene Mittelhöhe des Wassers, die ich 8 oder 10 Fuß setzte, hinauf, und jene angetriebnen Körper bilden eine Linie, die mehrere Fuße niedriger ist, als sie an jener Stelle war. Der schlimmste Zeitpunct des gewöhnlichen Abbruches ist dann, wenn das überfluthete Watt noch nicht oder eben erst bis zur Höhe des steilen Ufers mit Wasser bedeckt ist; dann werden die über einem schon mehrere Fuß tiefen Wasser sich aufthürmenden Wellen mit Gewalt an das Ufer getrieben, brechen sich hier und spritzen, hoch auf schäumend, in die Luft, reißen aber entweder ganze Stücke des Ufers ab, oder nehmen wenigstens, die lockersten Schichten zuerst ausspülend, dem Boden seine Festigkeit, so daß die überhängenden Rasenstücke, wenn sie gleich den Wellen durch ihren Zusammenhang widerstanden, nun bei stillem Wetter abstürzen. Eben weil dieser Zeitpunct der schlimmste ist, sind auch die mäßig hohen Fluthen, die bei etwas stärkeren Winden im Herbste nicht selten eintreten, diejenigen, die das Ufer vorzüglich angreifen; die sehr hohen Fluthen üben zwar auch da, wo das steile Ufer die Wellen hemmt, eine nachtheilige Gewalt aus, aber gewiß nicht so sehr, als diejenigen, die grade hoch genug sind, um am Ufer hinauf getrieben mit Gewalt abzuprallen, oder auf das Ufer hinauf ihre Ueberstürzungen zu machen. Wenn wir lesen, daß bei ungewöhnlichen Sturmfluthen besonders in Verbindung mit den in ältern Zeiten häufigern und ausgedehntern Ueberschwemmungen bedeutende Strecken Landes fort gerissen sind, so müssen wir wohl annehmen, daß dies sich auf etwas andre Weise zugetragen hat, und deswegen sagte ich vorhin, jene nicht allzu hohen Fluthen wären in Beziehung auf den gewöhnlichen Abbruch, der nämlich ganze Uferstrecken ziemlich gleichförmig trifft, die nachtheiligsten. Bei sehr hohen Fluthen nämlich, wenn die Fluth Deiche durchbrochen hat, und nun bei der plötzlich fallenden Ebbe aus den beschränkten Oeffnungen hinausstürzt, kann dieser Sturz die aller größeste Gewalt ausüben, und eben das ist auch beim Einstürzen durch den gebrochenen Deich der Fall. Die Beispiele sind gar nicht selten, wo der plötzliche Einsturz des Wassers ein Loch von mehreren Morgen Landes groß und 30 Fuß tief ausgewühlt hat, und die Umstände können leicht so nachtheilig sein, zumal bei mehreren schnell auf einander folgenden Sturmfluthen, oder in Zeiten, wo die Hülfleistung selbst in ganzen Jahren nicht thätig genug wirksam sein konnte, um die Durchbrüche zu dämmen, daß noch viel größere Districte in einem kurzen Zeitraum verloren gehen. Die Meerbusen Dollart und Jahde, so wie die Südersee in Holland sollen, wo nicht in einer Sturmfluth entstanden, doch durch eine Sturmfluth so groß geworden sein, daß man ihrem nachherigen schnellen Zunehmen nicht widerstehen konnte. Dieses genau erklären zu wollen, würde bei einem Ereignisse, von welchem nicht einmal die wesentlichsten Umstände uns überliefert sind, bei unsrer Unkunde des frühern Zustandes der jetzt mit Wasser bedeckten Gegenden, ein viel zu kühnes Unternehmen sein; indeß läßt sich, theils aus dem, was ich eben erwähnt habe, theils aus der Vermuthung, daß die Gegend schon vorher Seen enthielt und wahrscheinlich zum Theil aus Moor bestand, die Möglichkeit des Ereignisses einsehn. Erstreckte sich zum Beispiel das Moor, das noch jetzt nahe an der Ostseite der Jahde liegt, so durch den jetzt mit Wasser bedeckten Raum fort, daß es einen großen Theil desselben bedeckte, so konnte eine über diese Moorgegend wegströmende oder sie durchbrechende Wassermasse auf einen so locker verbundenen Boden weit zerstörender wirken, als bei festem Marschlande. — Hypothesen hierüber ließen sich leicht weiter ausbilden, zumal wenn man die ehemaligen Grenzen des jetzt schon sehr viel kleiner gewordenen Jahde-Busens, die angrenzenden Mööre, die ehmaligen Seiten-Ausflüsse, die von der Weser nach der Jahde zu gegangen sind, berücksichtiget; aber diese Hypothesen würden ziemlich unnütz sein.

Um den Abbruch des Ufers zu hemmen, hat man zweierlei Mittel angewandt, deren eines nur die Sicherung gegen den Wellenschlag bewirken soll, wovon das andre aber eine Verbesserung des Zustandes hervorzubringen bestimmt ist. Damit das Ufer von den sich daran aufthürmenden Wellen nicht abgespült oder zerrissen werde, hat man als einfachstes Mittel eine Abflächung vorgeschlagen, und es ist gewiß, daß diese, wenn sie so breit werden könnte, daß auf 20 Fuß Breite etwa 1 Fuß Höhe käme, recht angemessen wäre; aber dazu müßte man große Räume des noch brauchbaren Landes zerstören, und selbst eine mäßige Abflächung opfert einiges Land auf;

jene ist daher nicht ausführbar, diese ist nicht wirksam genug, indem sie die Gewalt der aufschlagenden Wellen nicht hinreichend mäßigt. Viel wirksamer, aber auch viel kostbarer, ist die Bedeckung des abbrechenden Ufers mit irgend einem Material, das dem Abspülen der Erde widersteht, und als solches hat freilich die Bedeckung mit Granitblöcken, die auf einer den Boden dicht bedeckenden Unterlage von Busch oder festgestampften kleinen Steinen liegen, den Vorzug der großen Haltbarkeit. Manche ausgedehnte Strecken der See-Ufer an der Nordsee sind daher mit Granitblöcken, die 3, 4 und mehr Centner schwer sind, belegt, und diese geben, wenn der Grund unter ihnen vor dem Ausspülen gesichert ist, eine sehr gute, aber auch kostbare Uferbedeckung ab. *) Eine Uferbedeckung übrigens, die auch einen Nachtheil mit sich führt, nämlich den, daß die an ihnen sich mit Ungestüm brechenden Wellen den Wattgrund vor den Steinbekleidungen immer mehr erniedrigen und dadurch im Laufe längerer Zeit die Nothwendigkeit, ein immer höher über dem Watte hervorragendes Ufer zu sichern, mit sich bringen.

---

*) Das Material zu diesen Steindossirungen liefern die in den großen Heidegegenden des nördlichen Deutschlands zerstreut liegenden, oft über 200 Centner schweren Granite, deren Herüberführen wahrscheinlich aus noch nördlichern Gegenden in einer frühern Periode unsrer Erde noch immer etwas Räthselhaftes hat, und deren Zusammenordnung in den sogenannten Hünengräbern eine so große antiquarische Merkwürdigkeit ist.

Einen viel weiter gehenden Zweck hat das zweite zur Sicherung abbrechender Ufer dienende Mittel, indem es die Ursache des Abbruches zu heben bestimmt ist. Ich habe oben schon bemerkt, daß eine der ersten und unaufhörlich wirksamen Veranlassungen zum Abbruche in den mit den Ufern parallelen Strömungen liegt, und wo dies der Fall ist, da kann man von senkrecht vom Ufer abwärts gehenden Werken sich wesentlichen Nutzen versprechen. Diese ablaufenden Werke, die sich mit der vollen Höhe des Ufers an dieses anschließen müssen, und dem Wasser keinen Durchfluß gestatten dürfen, bringen, indem sie jenen dem Ufer parallelen Strom unterbrechen, allemal einige Anlagerung von Sand oder fetterem Niederschlage hervor und wenn sie wirksam genug sind, um den Boden nahe am Ufer um einige Fuße zu erhöhen, so können sie den Abbruch ganz hemmen und sogar in Anwachs verwandeln. Ob dieser Zweck erreicht wird, hängt von mehreren Umständen ab. Wenn in sehr weiter Ferne kein erheblich tiefes Wasser dem Ufer gegenüber liegt, so kann man wohl immer einen nicht unbedeutenden Nutzen von flachen senkrecht von der Uferlinie abwärts laufenden Werken hoffen, da hingegen, wo die auf einer Tiefe von 20 oder 30 Fuß bei gewöhnlicher Fluth erregten Wellen mit einer nicht genug gemilderten Gewalt den Raum zwischen diesen Werken erreichen, da ist die Anlagerung bei stillem Wetter nicht so gesichert, daß nicht bei Stürmen alles Gewonnene verloren gehn sollte, und der Erfolg wird da nicht leicht den Wünschen entsprechen.

Welchen Nutzen diese Einbaue bringen, will ich durch ein Beispiel von den Oldenburgischen Ufern zeigen. Dort wurden diese Einbaue, nach dem dortigen Provinzial-Ausdrucke, wenn sie von Busch angelegt wurden, Schlengen genannt, auf dem flachen Wattgrunde sowohl am Ufer der Nordsee, als am Ufer der Jahde, in der erstern Gegend zur Mäßigung des Abbruches, in der zweiten zu wirklicher Beförderung des Anwachses angelegt. Die Länge dieser Werke beträgt dort gewöhnlich 1000 Fuß, bei einem Abstande von 3000 Fuß von einander, sie werden aus fest gebundenen Faschinen, die mit Pfählen befestigt werden, völlig dicht, so daß dem Wasser kein Durchzug bleibt, angelegt,*) und bringen am Ufer der Nordsee eine Anlagerung von einem sehr sandigen, am Ufer der Jahde einen Anwachs von fettem, schlammigem Boden hervor. Der Grund dieser Verschiedenheit, die sich auch in der Ungleichheit der an der See und der mehr hineinwärts an den Meerbusen liegenden Marschen findet, läßt sich leicht übersehen. Obgleich sich nämlich in einer Reihe stiller Sommertage auch das am Meere liegende Watt, zumal zwi-

*) Die Unterhaltung dieser Werke würde in hohem Grade erleichtert und weniger kostbar werden, wenn es eine strauchartige Pflanze gäbe, die im Seewasser so gut fortkäme, wie die Weide in süßem Wasser. Könnte ein solches Bäumchen in andern Weltgegenden aufgefunden und bei uns einheimisch gemacht werden, so würde man nicht so unaufhörliche Ausbesserungen nöthig haben und Werke, höher als die tägliche Fluth Schutz gewährend, erhalten können.

schen den Einbauen mit dem weichen Schlamme bedeckt, der, wenn er erhalten würde, einen vorzüglich fruchtbaren Boden hervorbrächte, so reicht doch eine einzige Herbstfluth mit stürmischem Wetter zu, um diesen Schlamm, der sich im Wasser fein zertheilt, wegzuwaschen und es bleibt daher nur der gröbere Sand oder diejenige Lage, die wenigstens genug mit Sand gemischt ist, um nicht so leicht vom Wasser aufgehoben zu werden, in den Gegenden, die einen allzufreien Zutritt der Wellen gestatten, übrig; dagegen in geschützteren Gegenden ist die Gewalt jenes Wegspülens gemäßigter und je mehr sie das ist, desto mehr bleibt von jenen fetten thonigen Bestandtheilen zurück, deren Niederschlag den eigentlichen Marschboden giebt. Da es oft ein Gegenstand des Zweifels war, ob denn die am Meeres-Ufer selbst angelegten Einbaue wirklichen Nutzen brächten, und vorzüglich die zweite Frage, ob dieser Nutzen mit den großen Kosten der Anlegung und Unterhaltung in einigem Verhältnisse stände, immer wiederholt aufgeworfen wurde, so hielt ich es für eine nicht unwichtige Arbeit, die wirkliche Erhöhung des Wattes zwischen den Schlengen genau nachzuweisen und obgleich das Einzelne meiner damaligen Untersuchung *) kein allgemeines Interesse hat; so wird doch eine kurze Nachricht hier wohl Platz finden können. Da das

*) Oldenburgische Zeitschrift, herausgegeben von von Halem und Gramberg. Oldenburg 1805. Im 3. Bande S. 69 und im 4. Bande S. 248.

Wasser selbst hier das Nivellement macht, so bedurfte es keiner künstlichen Mittel, um die ganze Fläche zwischen jeden zwei Einbauen sehr genau zu nivelliren, sondern eine in gehöriger Ordnung eingeschlagne Reihe Pfähle gab, indem der Zeitpunct, wenn die herankommende Fluth sie erreichte, beobachtet wurde, eine ganze Folge ihrer Höhe nach bestimmter Puncte, indem das Steigen der Fluth an einer in tieferem Wasser stehenden Scale gleichzeitig ebenfalls beobachtet wurde. Dieses Nivellement zeigt, was man, am Ufer stehend freilich bei jeder Fluth sehn kann, aber doch nicht in genauen Zahlen ausgedrückt erhält, daß die gleich hohen Linien des Wattes sich an den Einbauen hinauswärts krümmen, so wie es Fig. 9 zeigt, und wenn hier gleich in der eben erwähnten dem ganzen Anfalle der nordwestlichen Stürme ausgesetzten Lage die Linie **AB** nur etwa **1** bis **1¼** Fuß höher liegt, als **CD**, so ist doch einiger Gewinn unverkennbar. Bei weitem angenehmer jedoch, als dieser immer schwere und oft vereitelte Kampf gegen den Abbruch ist für den Wasserbaumeister die Beförderung des Anwachses, die oft von sehr glücklichem Erfolge ist.

Da ich hier das, was von allgemeinerer Anwendbarkeit ist, doch nur so erzählen kann, wie ich es im Einzelnen kennen gelernt habe, so theile ich die Erfahrungen, welche das Jahde-Ufer in großer Mannigfaltigkeit darbietet, als Beispiele der verschiedenen Beförderungsmittel des Anwachses mit. Der große Jahde-Meerbusen, der gegen **2** Quadratmeilen einnimmt, hat in seinem Hintergrunde, wo schon seit einigen Jahrhunderten ein Anwachs nach dem andern zu brauchbarem bedeichtem Lande gemacht worden ist, einen sehr flachen Abhang. Die kleinen Ströme, a, b, c, welche das Chärtchen Fig. 10 zeigt, finden in der Mitte, weit von den Ufern entfernt, ihren Abfluß, und obgleich in der Mitte der Jahde und vorzüglich in ihrer verengten Ausmündung, durch welche sich täglich zweimal die große Fluthwassermasse herein und wieder heraus ergießt, eine große Tiefe ist, so entsteht doch bald nach dem Eintritt der Ebbe ein sehr breites Watt in den Gegenden d und e. Diese sind daher für den Anwachs so vortheilhaft, daß ohne alle Hülfe der Kunst hier eine Anschlämmung statt findet. Der Anwachs gedeiht am besten in der Nähe der Strömchen a, b, c, f, g, h, da, wo diese noch zu eng sind, um einen erheblichen Wellenschlag zu gestatten, und wo sie doch, was die Hauptsache ist, dem neu angesetzten Schlamme eine zureichende Entwässerung gewähren. Sobald nämlich der gelagerte Schlamm Festigkeit genug erlangt, fangen, wenn er auch noch beinahe einen Fuß unter der Höhe der täglichen Fluth ist, Pflanzen an, sich darauf anzusetzen, und da diese zwischen sich einen ruhigern Wasserstand bei mäßigem Winde und nicht zu hohen Fluthen bewirken, so nimmt der Niederschlag erdiger Theile zu, und der Anwachs geht lebhafter fort. Die gesammelten Niederschläge werden aber dann auch nicht so leicht wieder aufgeregt und aufs neue verloren, weil sie durch die Entwässerung fester werden, und durch die Pflanzenwurzeln vollends eine Sicherung erhalten. Daß aus ähnlichen Gründen auch in frühern Zeiten die Alluvionen an den Mündungen der Flüsse immer vorzüglich ausgedehnt statt fanden, ist einleuchtend, und dieses entsteht zwar theils aus der Menge der erdigen Theile, welche die Ströme ins Meer führen, aber theils wird es auch durch die eben angegebenen Umstände befördert.

Die Beobachtung, daß eine gute Entwässerung des den Anwachs bildenden Niederschlages ganz vorzüglich beitrage, den Anwachs zu befördern, hat im Oldenburgischen zu künstlichen Mitteln, den Anwachs zu beschleunigen, geleitet. Man legt nämlich da, wo das Ufer im Anwachse begriffen ist, flache Gräben, von nicht völlig 1 Fuß tief und 5 bis 6 Fuß breit an, die vom Ufer einige hundert Fuß lang hinablaufend, jenen Zweck erfüllen. Die aus ihnen aufgeworfene Erde, die man an diejenige Seite bringt, wo die am meisten nachtheiligen stürmischen Winde sie nicht in den ausgegrabnen Raum zurückwerfen, sondern sie über die zwischen liegenden breitern Flächen vertheilen, bildet einen etwas erhöhten und mehr Festigkeit darbietenden Damm, und auf diesen unter sich parallel in das Wasser hinablaufenden Dämmen wachsen, viel weiter hinaus als an andern Stellen, die ersten den Anwachs bedeckenden Pflanzen. Der Saame dieser Pflanzen muß sehr überflüssig vorhanden sein, indem überall, wo er nur Gelegenheit zum Gedeihen findet, junge Pflanzen hervorwachsen. Die erste der Pflanzen, die sich so ansiedelt und die Gegenden am meisten liebt, welche noch täglich von der Fluth erreicht werden, Salicornia ist eine (herbacea), die im Frühling aus dem Saamen aufwächst, etwa einen schwachen halben Fuß hoch wird, und nur einjährig ist; sobald im Herbste kältere Nächte kommen, geht ihr dunkles Grün in Purpurroth über, und im späten Herbst stirbt sie ganz ab; aber dennoch gewähren die trockenen Pflanzen auch während des Winters noch dem Boden einigen Schutz. Sobald der Boden höher wird finden sich mehrere Pflanzen ein, unter denen, ungefähr an der Grenze, welche die tägliche Fluth nur gerade noch erreicht, wo schon manche Tage ohne Ueberströmung hingehen, sich eine Aster-Art durch ihre Höhe auszeichnet. Diese Pflanze (wenn ich nicht irre Aster Tripolium) erreicht Mannshöhe, und da sie jährlich neu zu dieser Höhe anwächst, so bringt sie theils mehr als jede andre Pflanze ein ruhiges Wasser hervor, in welchem der Schlamm sich niederschlägt, theils tragen ihre am Ende des Winters in Fäulniß übergehenden Stengel, die sich (wenn sie auch zum Theil fortgeschwemmt werden,) größtentheils mit dem Boden, wo sie standen, verbinden, zur Erhöhung des Landes bei. *)

---

*) Diese Aster-Art bietet eine, auch dem Nichtbotaniker auffallende Seltsamkeit dar. Wenn man sie auf höherm Boden auf altem Anwachse, wo sie 2 Fuß oder mehr über der täglichen Fluthhöhe wächst, findet, so hat sie einen blauen, violettlichen Radius, der, so wie bei einigen Aster-Arten, die man in Gärten zieht, die gelben Blumen des Discus umgiebt; aber da, wo sie, grade an der Grenze der Fluth auf ganz neuem Anwachse, üppig

Auf diese Art hat die Natur, auch ohne künstliche Nachhülfe immer den Anwachs dieser Gegenden gebildet, und was jetzt durch gleichmäßige Entwässerung an der ganzen Uferlinie bewirkt wird, das hat sich dann vorzüglich an den kleinen Vertiefungen, wo das abfließende Fluthwasser Strömchen mit schwachen Seiten-Armen veranlaßte, und wo dadurch die frische Erde mehr Befestigung erhielt, ausgebildet. Der Vortheil einer künstlichen Unterstützung zeigt sich aber sehr deutlich, nicht bloß daran, daß man schneller als ehmals die Grenze des begrünten Ufers vorrücken sieht, sondern auch daran, daß ein so bearbeitetes Ufer dem benachbarten, wenn es unbearbeitet bleibt, voreilt. Ein Beispiel zu der letztern Behauptung gab ehmals die Grenze der Oldenburgischen und Jeverischen Uferlinie, indem die letztere, die unter der damaligen Regierung nicht auf gleiche Weise bearbeitet ward, bei völlig gleich günstiger Lage auffallend hinter dem stark anwachsenden oldenburgischen Ufer zurück blieb. Mit Hülfe jener Bearbeitung wird im obern Theile des Jahdemeerbusens jährlich eine Breite von 6 bis 10 Fuß, also auf Strecken von 1 Meile lang eine ganz erhebliche Fläche Landes ge-

---

bis zu 5 Fuß, 6 Fuß Höhe wächst, fehlen die blauen Radiusblümchen oft gänzlich und wo sich auch einige wenige, zwei oder drei am Rande der gelben Blümchen finden, da bilden sie doch fast nie einen ordentlich den Discus umgebenden Kreis. Man würde geneigt sein, diese große üppig wachsende Pflanze für wesentlich verschieden von jener andern zu halten, wenn man sie nicht bald in allen Uebergangsstufen kennen lernte.

wonnen; eines Bodens, der nach wenigen Jahren die schönsten zum Viehfutter tauglichen Gräser trägt, und wenn er zur Bedeichung hoch genug geworden ist, eine beinahe unerschöpfliche Fruchtbarkeit hat.

Wenn man bloß den Anwachs da befördern wollte, wo es in Beziehung auf den Ertrag des gewonnenen Landes ein vortheilhaftes Unternehmen ist, so würde man nur da, wo die eben erwähnten Mittel ausreichen, sich damit abgeben können, den Anwachs zu unterstützen. Aber in den Gegenden, wo die Natur nicht mehr von selbst geneigt ist, Anwachs hervorzubringen, geht dieser leicht in Abbruch über, und es treten daher oft Umstände ein, die einen, wenn auch bedeutenden, Kosten-Aufwand rechtfertigen, wenn es dadurch gelingt, Abbruch in Anwachs zu verwandeln. Eine solche Gegend ist an der Jahde das ganze Ufer von i bis k, wo ehmals die Deiche in gefährlich m Zustande waren und mit großer Mühe und starkem jährlichen Aufwande unterhalten wurden, wo hingegen jetzt ein fast in keinem Puncte dieser ganzen Strecke mehr unterbrochener Anwachs statt findet und dadurch die Erhaltung der Deiche in hohem Grade wohlfeiler und sicherer geworden ist. Hier war, nach Verschiedenheit der Lage das Watt 3 bis 6 Fuß tiefer als das Ufer und dieses an den meisten Orten steil und in erheblichem Abbruche, aber die Buschwerke, ähnlich den schon oben erwähnten, konnen hier, in einer vortheilhaftern Lage dienen, nicht bloß den Abbruch zu hemmen, sondern ihn in Anwachs zu verwandeln. Der Fortgang, den die Erhöhung des Vorgrundes vor dem grünen Ufer hat, ist hier so bedeutend, daß man an den meisten Stellen schon angefangen hat, auch hier den Anwachs durch die oben erwähnte Entwässerung zu unterstützen, und man darf daher hoffen, daß der für die ganze Ufergegend so höchst wichtige Zweck, den Umfang des Jahdebusens zu vermindern, dadurch bewohnbares Land zu gewinnen, und die Gefahren der Ueberschwemmung für die umliegenden Gegenden zu vermindern, im Laufe längerer Zeiten immer mehr erreicht werden wird.

Ueber die

Fata Morgana

und ähnliche Erscheinungen, die von der Strahlenbrechung abhängen.

An der Meerenge von Messina, erzählt man, zeigen sich oft dem Beobachter, wenn er von Reggio über die Meerenge sieht, die allersonderbarsten Erscheinungen. Er glaubt Städte mit Thürmen, Schlösser oder Wälder zu sehen, oder schöne Palläste mit regelmäßigen Säulen, lange Reihen von Bäumen, Ebenen mit Viehheerden bedeckt, oder ganze Schaaren von Fußgängern oder Reitern, obgleich von diesem allen nichts auf dem Meere vorhanden sein kann; er erblickt Flotten, obgleich keine da sind, und macherlei andre Gestalten. Diese gleichsam in der Luft schwebenden Gestalten verschwinden und andre treten an ihre Stelle, so daß man sich in eine Feenwelt versetzt glaubt, indem selbst das kundigste Auge die Gegend nicht für diejenige zu erkennen vermag, die es sonst hier zu sehen gewohnt war, und indem der Wechsel der auffallenden Erscheinungen kaum der gewöhnlichen Welt anzugehören scheint. Dieses sonderbare Phänomen führt den Namen Fata Morgana oder Fee Morgana, und der Aberglaube scheint das zauberische Spiel unerklärlicher Erscheinungen als das Werk der Fee Morgana anzusehen. *)

Was diese Fata Morgana sei? — denn für das

*) Minasi sagt, man nenne die Erscheinung: die Schlösser der Fee Morgana.

Werk einer Fee können wir sie doch nicht annehmen! — das läßt sich bei dem Mangel genauer Beschreibungen, welche frei von den Einbildungen einer träumerischen Phantasie ganz genau nur die Erscheinungen, wie sie sind angäben, noch nicht völlig entscheiden; aber auch in unsern Gegenden sehen wir zuweilen fast ebenso überraschend die bekanntesten Gegenden ganz entstellt, statt kleiner Häuser hohe Thürme oder Reihen von Säulen und dergleichen erscheinen, und wir sind also wohl berechtigt, auch jene durch den Zauber einer dichterischen Phantasie uns in einem noch mehr zauberischen Lichte dargestellten Erscheinungen mit diesen in eine Classe zu setzen. Um die Erscheinungen, die auch in unsern Gegenden gar nicht selten sind, deutlicher darzustellen, will ich sie so beschreiben, wie ich sie am Ufer der Nordsee oft gesehen habe. Mein dortiger Wohnort lag nahe an dem großen Meerbusen der Jahde, dessen jenseitiges Ufer theils eine halbe Meile entfernt war, theils bis gegen 3 Meilen von meinem Standpuncte entfernt, sich jenseit des Wassers hin erstreckte. Bei dem gewöhnlichen Zustande der Luft sah man hier die Dörfer, Bäume, Kirchthürme des jenseitigen Ufers in ihrer natürlichen Gestalt, und erblickte wenig von dem, was tiefer im Lande lag, weil in dem ganz ebnen flachen Lande entferntere Gegenstände hinter den nähern versteckt blieben; aber an heitern Frühlings- oder Sommerabenden, wenn die Luft nach einem sehr warmen Tage ganz still war, zeigten sich diese bekannten Gegenstände in einer ganz andern Gestalt. Die am

Ufer liegenden Häuser schienen ganz zusammengedrückt, oft so niedrig, daß man sie nur mit Mühe erkannte, aber das ganze dahinter liegende Land mit seinen Dörfern, Häusern, Bäumen war oberhalb jener nächsten Gegenstände zu sehen, gerade als ob das Auge von einer großen Höhe herab auf die Ebene sähe, oder das ganze flache Land sich als ein Theil einer hohlen Kugel in größerer Entfernung hervorhöbe, und Dörfer hinter Dörfern wurden viele Meilen weit entfernt sichtbar. Während der Beobachter sich über diesen Anblick, den man sonst nur auf Bergen genießt, freute, änderte sich die Erscheinung; man sah in manchen Gegenden über den einzeln vorragenden Gegenständen, Häusern, Bäumen und dergleichen eine hohe Säule, eben so dunkel oder eben so gefärbt, wie der Gegenstand selbst, sich erheben; alle diese Säulen waren oben genau in gleicher Höhe abgeschnitten, und oft schienen sie oben durch einen dunkeln Streif, der gleichsam einen neuen Horizont darstellte, verbunden zu sein. Diese Säulen zitterten oder waren in einer wellenartigen Bewegung, und wenn man sie genauer mit dem Fernrohr betrachtete, so fand man an ihrem obern Ende das umgekehrte Bild des Gegenstandes wieder, der unter ihnen lag, oder von dem sie ausgingen, und manchmal erhob sich über jenem neuen Horizonte ein zweites, aufrechtes, aber äußerst zusammengedrücktes Bild desselben Gegenstandes. Zuweilen verschwanden jene Säulen, und die Bilder des Gegenstandes schwebten getrennt von ihm in der Luft; manchmal stellte sich eine Ansicht der vorherigen ähnlich, wieder her, und oft sah man die eine Gegend durch solche oberhalb schwebende Bilder unkenntlich gemacht, während eine andere ziemlich in ihrer natürlichen Gestalt erschien und eine dritte die weite Aussicht über unabsehbare Gefilde darbot. Gewöhnlich waren zu dieser Zeit alle Gegenstände in einer zitternden Bewegung, wodurch sie noch unkenntlicher wurden. — Aber sobald sich ein frischer Wind erhob, waren alle jene Erscheinungen verschwunden, das alte wohlbekannte Ufer lag deutlich da, ohne daß eine Spur von dem zurückblieb, was noch eben so fremd und täuschend dem Auge vorgeschwebt hatte. So ungefähr habe ich diese, nicht gar so häufig in rechter Vollkommenheit vorkommende Erscheinung von Eckwarden (**Fig. 10**) *) aus, und von der Insel Neuwerk **) aus gesehn. An dem letzten Orte waren die Abende, wo diese Luftgebilde sich zeigten, dadurch noch ausgezeichneter, daß man die sieben Meilen entfernte, sonst vermöge der Krümmung der Erde unsichtbare Insel Helgoland sah und zwar nicht bloß den hohen Felsen, sondern auch die kleine, wenig über die Meeresfläche erhabene niedrige Insel und das sie umgebende Meer selbst und dieses oft mit ausgezeichneter Deutlichkeit.

Diese Phänomene, wo sehr entfernte, sonst unsichtbare Gegenstände zu Gesichte kommen und andere oberwärts ein umgekehrtes, auch wohl zweifaches

*) Am oldenburgischen Ufer der Jahde.

**) Am Ausfluß der Elbe.

Bild über sich haben, bemerkt man nur an schwülen gewitterhaften Tagen und meistens nur gegen Abend; dagegen stellte sich an kühlen Sommertagen eine ganz andere Erscheinung dar. Man sah alsdann die Gegenstände jenseit des Wassers in ihrer natürlichen Gestalt, aber sie schienen oberhalb des Wasserhorizontes in der Luft zu schweben, und wenn man sie mit dem Fernrohr genau betrachtete, so sah man, daß der Gegenstand zwar in seiner natürlichen Gestalt erschien, aber unterhalb sich wie gespiegelt zeigte, so daß ein umgekehrtes Bild des Gegenstandes seine untere Seite unmittelbar berührend, gesehen wurde. Auch die aufgehende oder untergehende Sonne bietet bei dieser Beschaffenheit der Luft, indem sie über dem Wasserhorizonte hervorkömmt, ähnliche Erscheinungen dar. Sie zeigt sich nicht am Rande des Wassers selbst, sondern oberhalb eines schmalen Luftstreifen sieht man ihren obern Rand hervorkommen; so wie sie weiter sichtbar wird, sieht man sie mit eben der Rundung unterhalb wachsen, wie sie oberhalb wächst, so daß sie nach und nach die Gestalten **Fig. 11** darstellt: sie erscheint völlig als ob sie sich abspiegelte, als ob **A B** die Gränze eines dichten Nebels wäre, über welchen sich die Sonne nach und nach erhebt und in welchem ihr gespiegeltes Bild gesehen wird, — eine etwas genauere Betrachtung der Zeichnung, wo **a** das erste Aufgehn der Sonne, **b**, **c**, **d**, **e**, **f**, die spätern Erscheinungen darstellt, wird dieses völlig klar machen, und ich brauche nur noch hinzuzusetzen, daß diese Spiegelung nur niedrige Gegenstände oder nahe am Horizont liegende Puncte darstellt, weshalb denn die Sonne, wenn sie höher steigt, nur noch wenig (wie bei f Fig. 11) und endlich gar nicht mehr abgespiegelt erscheint.

Unter eben diese Vorstellung einer Abspiegelung lassen sich auch die übrigen Erscheinungen, so wie sie sich bei kühlem Sommerwetter über dem Wasser zeigen, bringen, und um nur die Erscheinungen bequem zu übersehen ist es genug, sich dieselben als durch eine wirkliche Abspiegelung hervorgebracht zu denken. Die 12. Fig. zeigt ungefähr, wie Häuser und wie Bäume sich darstellen; der untere Theil der Gegenstände ist verdeckt oder unsichtbar und alles übrige erscheint im Bilde genau wie oben, aber in jenem umgekehrt und etwas verkleinert.

Auch die zuerst beschriebene Erscheinung, wo doppelte Bilder oberhalb des Gegenstandes erscheinen, sehen ohngefähr wie eine Spiegelung aus, aber sie unterscheiden sich von der eben beschriebenen dadurch, daß die Bilder oberhalb liegen, und daß zuweilen noch ein drittes Bild über dem zweiten erscheint. Die 13. Fig. stellt ohngefähr eine solche Erscheinung dar, und es ist nur noch zu bemerken, daß der herunterreichende Streifen sich ohngefähr so ausnimmt, als ob man einen in wellenschlagendem Wasser abgespiegelten Gegenstand in die Länge verzerrt erblickt, und ferner, daß die Gegenstände oft noch weit weniger kenntlich sind, als ich sie hier, um die Erscheinung deutlich zu zeigen, dargestellt habe.

Die starke Abplattung habe ich ohngefähr so gezeichnet, wie sie in der Wirklichkeit vorkömmt. *)

So ungefähr lassen sich die Phänomene übersehen, die man an Gegenständen erblickt, welche jenseits einer weiten Wasserfläche liegen. Ich habe sie zuerst erzählt, weil sie am meisten mit der Fata Morgana übereinkommen, und man also wohl die Vermuthung wagen darf, daß diese etwas ähnliches sei, aber vielleicht täuschender als in unsern Gegenden, und durch noch stärkere Entstellung der Gegenstände, durch noch schnellern Wechsel der Erscheinung, die Vergleichung mit den wirklichen Gegenständen erschwert. Aber nicht bloß, wenn man über eine Wasserfläche hinsieht, zeigen sich jene Spiegelungen, sondern die

---

*) Fig. 12 a und Fig. 12 b stellen die Erscheinung auf doppelte Weise vor und eben das ist in Fig. 13 a und 13 b in Beziehung auf die andre Erscheinung der Fall. In allen 4 Figuren sind dieselben Gegenstände dargestellt, in Fig. 12 a, so wie sie etwa erscheinen, wenn die Spiegelung unterwärts eben nicht stark und ihre natürliche Gestalt gut zu erkennen ist: in Fig. 12 b ist die Spiegelung unterwärts so stark, daß selbst die höchsten der vorhandenen Gegenstände ganz oben gespiegelt sind, und man die niedrigen Gegenstände ganz aus den Augen verliert. In Fig. 13 ist wohl die Uebereinstimmung mit Fig. 12 nicht zu verkennen; aber die Verhältnisse zwischen Breite und Höhe sind ganz verändert und die Bilder schweben oberhalb in der Luft. Diese sind oft noch unkenntlicher als in Fig. 13 b, zumal weil die wellenartige Zitterung aller Gegenstände die Umrisse weit minder scharf erscheinen läßt. Die schwarzen Streifen, welche in Fig. 13 den Gegenstand mit dem Bilde verbinden, sind im Grunde auch nur heftige Zitterungen, vermöge welcher das untere und obere Bild sich so sehr verzerren.

Spiegelung unterwärts wenigstens *) (Fig. 12) sieht man häufig über jeder ausgedehnten Ebene. Hier ist sie in gewisser Hinsicht noch auffallender, als bei der Aussicht über eine Wasserfläche; denn dort unterscheidet sich die helle Luft, bei stillem Wetter wenigstens nicht so auffallend von der Wasserfläche, und man ist daher leicht geneigt, die Gegenstände als im Wasser abgespiegelt anzusehen; aber wenn man über einen Wiesengrund hinsieht und die jenseits liegenden Gegenstände durch einen hellen Streif vom Boden getrennt erblickt, so muß man entweder es wunderbar finden, daß sie in der Luft schweben, oder man nimmt vielleicht, getäuscht durch den Anblick, an, es befinde sich jenseit der Wiesen, die man vor sich sieht, ein Wasser, über welches hinaus man erst zu den abgespiegelten Gegenständen gelangen könne. Recht schmerzlich empfanden diese Täuschung die französischen Soldaten, wenn sie in den heißen Ebenen Aegyptens, von Hitze und Durst erschöpft, durch diese Erscheinung Wasser zu sehen glaubten, und nun mit der äußersten Anstrengung ihrer Kräfte der erwünschten Labung entgegeneilten, die sich bei jedem Schritte mehr zu entfernen schien, und endlich ganz verschwand ohne etwas andres, als trockenen, glühenden Boden zurückzulassen.

Da die Spiegelung unterwärts (denn so will

---

*) Die Erscheinung Fig. 13 habe ich nie anders als jenseit einer Wasserfläche gesehen, und ich weiß nicht, daß irgend ein Beobachter sie über einer Erdfläche gesehen hätte.

ich die Erscheinung Fig. 12 nur kurz nennen,) allemal eintritt, wenn der Boden sehr erhitzt ist, so muß sie in jenen heißen Gegenden ungleich auffallender sein, als bei uns und deshalb glaubte man dort, wenn man z. B. von Hügeln herab in eine Ebene eintrat, alle entfernten Gegenstände mit einer sich bis nahe gegen den Beobachter hin erstreckenden Wasserfläche umgeben zu sehen. Das wellenartige Zittern, womit die Erscheinung begleitet ist, machte den Anblick noch täuschender, und es läßt sich denken, mit welcher Empfindung die verschmachtenden, in ein unbekanntes Land hingetriebenen Fremdlinge diese Erscheinung ansehen mußten, die ihre Sehnsucht nach Erquickung zu verhöhnen schien. Doch es ist Zeit, daß ich von der bloßen Beschreibung der Erscheinungen zu einem Versuche, sie zu erklären, übergehe, und es wird wohl am besten sein, wenn ich diese Erklärung an eine Erzählung der von mir und andern hierüber angestellten Beobachtungen knüpfe. Ich werde zuerst von der Spiegelung unterwärts reden, die man an heißen Sommertagen fast in jeder etwas erheblichen Ebene beobachten kann.

Um das Phänomen gründlich kennen zu lernen, ist es nothwendig zu untersuchen, wie es sich bei verschiedener Entfernung des Gegenstandes ändert. Diese Aenderungen stellen sich vorzüglich deutlich in der Zeichnung Fig. 14 dar, die Biot aus eigner Beobachtung mittheilt. Er ließ auf einer durch die Sonnenstrahlen sehr erwärmten Sandebene einen Mann immer weiter von sich weggehen, und beobachtete nun wie ihm dieser erschien. Zuerst (Fig. 14) sah er ihn ganz vollständig, in seiner gewöhnlichen Gestalt; dann schienen die Füße verschwunden zu sein und die Beine verlängert; bei noch größerer Entfernung bemerkte man schon, daß der ganze unterhalb des Kniees liegende Körper unsichtbar war und unterhalb der Kniee eine Abspiegelung des Oberschenkels gesehen wurde; allmählig verschwand ein immer größerer Theil des untern Körpers und der übrig bleibende zeigte sich im gespiegelten Bilde desto vollständiger, je mehr die Entfernung zunahm, so wie es die nach einander folgenden Abbildungen der 14. Fig. darstellen; endlich blieb nur noch der Kopf mit seinem Bilde übrig und zuletzt schien der Mensch ganz in die, einem hellen Nebel gleichende Masse untergetaucht zu sein, und ward nicht mehr gesehen. Ganz eben so verhält es sich nun auch mit fest stehenden Gegenständen, welche sich in verschiedenen Entfernungen befinden; — von den nähern Objecten entzieht sich nur ein kleines Stück des untern Theils dem Auge, und nur der zunächst darüber liegende Theil ist abgespiegelt, so daß die Wasser- oder Erdfläche AB (Fig. 14) den übrigen Theil des Bildes zu verdecken scheint; entferntere Gegenstände lassen uns nur ihren obern Theil und diesen ganz abgespiegelt sehen, und da, wo die Spitze des gespiegelten Bildes sich endigt, sieht man die helle Luft, in welcher jener Gegenstand zu schweben scheint.

Aber diese vollständigere Kenntniß der Erscheinung führt uns noch nicht zu der Erklärung hin;

um diese zu begründen, ist noch eine doppelte Reihe von Beobachtungen nöthig, die sich leicht übersehen läßt. Wenn man zwei Pfähle **A** und **B** (**Fig. 15**) aufstellt, deren Köpfe so gestellt sind, daß die Spitze **C** gerade durch **B** verdeckt wird, wenn man das Auge oder Fernrohr an **A** anlegt: so wird wohl jeder zuerst vermuthen, die Spitze **C** müsse nun jederzeit dem Auge in **A** durch den Pfahl **B** verdeckt werden. Macht man aber den Versuch wirklich, und stellt den Pfahl **B** in **1000** Fuß Entfernung von **A** auf, so sieht man oft die Spitze **C**, wofern sie erheblich entfernt ist, hoch über **B** hervorkommen und oft sie tiefer hinabsinken. Man kann in einer Ebene diese Beobachtung am besten so anstellen, daß man sich einen etwa **1** Meile entfernten, nicht über 20 Fuß hohen Gegenstand **C** wählt, auf welchen man seine Aufmerksamkeit richtet. Stellt man dann etwa **1000** Fuß von einander entfernt, die Pfähle **A**, **B** auf, und beobachtet nun einen heitern Sommertag durch die Erscheinungen, welche der Gegenstand **C** darbietet: so ergiebt sich, wofern die ganze Strecke von **A** bis **C** ohne erhebliche Wasserflächen ist, folgendes. Legt man jedesmal das Fernrohr auf den Kopf des Pfahles **A**, so sieht man frühmorgens den entfernten Gegenstand ziemlich hoch, also vielleicht etwas über die Spitze von **B** hervorragend; gegen 6 Uhr ist er schon erheblich niedriger geworden, bis zur größten Mittagshitze sieht man die Spitze von **C** immer mehr hinabsinken und sie erreicht ihre tiefste Lage etwa um 2 Uhr, wenn die Erde am stärksten erhitzt ist; in den spätern Nachmittagsstunden scheint die Spitze C wieder herauf zu rücken, gegen Sonnenuntergang sieht man sie etwa so hoch wie früh morgens, und um die Zeit des Sonnenunterganges und bis es ziemlich dämmerig geworden ist, steigt der Gegenstand beinahe zusehends von Minute zu Minute höher, so daß man vielleicht endlich das ganze Haus über B hervorragend erblickt, statt daß vor einer Stunde nur eben der Gipfel desselben über B hervorragte.

Diese Erhebung und Senkung des Gegenstandes, die offenbar eine Folge von ungleicher Brechung der Lichtstrahlen ist, steht nun in einer ganz deutlichen Verbindung mit der Spiegelung. Die Gegenstände, die man über eine Erdfläche hinsieht, erscheinen am niedrigsten, wenn die Erdfläche, über welche der Lichtstrahl hingeht, sehr erhitzt ist, und zu eben der Zeit zeigen sich alle entfernte Gegenstände am stärksten abgespiegelt. Man sieht diese Spiegelung unterwärts an heitern, warmen Sommertagen gewöhnlich von 8 Morgens an bis zur Zeit der größten Mittagswärme zunehmen, dann nimmt sie ab und verschwindet fast immer zu der Zeit, wenn der Gegenstand wieder in der Höhe erscheint, wo er Vormittags erschien, als das Phänomen der Spiegelung zuerst sichtbar ward.

Stellt man dieselben Beobachtungen an Gegenständen an, die jenseit einer großen Wasserfläche liegen, so sind die Erscheinungen nicht so strenge an gewisse Tageszeiten gebunden; aber auch da erscheinen die Gegenstände am niedrigsten und am stärksten unterwärts gespiegelt, wenn die Wasserfläche mehr als die Luft erwärmt ist; je mehr die Erwärmung des Wassers abnimmt, desto schwächer wird die Spiegelung unterwärts, und desto weniger erniedrigt erscheint der Gegenstand. In der Zeit, da die Luft wärmer ist als die Oberfläche des Wassers oder der Erde, erscheint gewiß kein Gegenstand unterwärts gespiegelt, sondern jeder Gegenstand erscheint meistens in seiner natürlichen Gestalt; aber wenn die Luft in einiger Höhe sehr viel wärmer ist, als an der Oberfläche des Wassers und der Erde, dann zeigen sich die jenseit des Wassers liegenden Gegenstände zuweilen oberwärts abgespiegelt, und gewähren den Anblick, welchen ich vorhin beschrieben habe.

Diese Behauptung, daß die ungleiche scheinbare Höhe der Gegenstände oder ihr anscheinendes Steigen und Sinken, mit der Ungleichheit der Wärme der niedrigern und höhern Luftschichten in Verbindung stehe, kann man ebenfalls durch Beobachtungen klar erweisen, und die dazu dienende Reihe von Beobachtungen ist die zweite, auf welche ich oben hindeutete. Hängt man nämlich zwei Thermometer an einem frei stehenden Pfahle, eines in 4 Fuß Höhe, eines in 20 Fuß Höhe auf, und ein drittes ganz nahe an der Erde: so sieht man kurz nach Sonnenaufgang, daß die Wärme in der Höhe größer ist, als nahe an der Erde. Wenn die Sonne höher steigt, so erhitzt sich die Erde mehr als die Luft und deswegen stehen gegen 8 Uhr jene Thermometer gleich hoch, und gegen

Mittag zeigt das niedrigste die größte Wärme; in den spätern Nachmittagsstunden dagegen, wenn die Sonnenwärme schon abnimmt, kühlt sich die Erde schneller ab, als die Luft, die Therometer stehen um 4, 5 oder 6 Uhr wieder gleich, und späterhin ist die obere Luft merklich wärmer als die untere, wenn nicht ein merklicher Wind diese Regelmäßigkeit unterbricht. Um die Zeit des Sonnenuntergangs ist das schnelle Erkalten der Erde und der untern Luftschichten sehr auffallend, aber in 20 oder 30 Fuß Höhe ändert sich bei stillem Wetter die Temperatur der Luft wenig; der Unterschied der Wärme für die verschiedenen Luftschichten wird also immer größer, und in eben dem Maße, wie dieser schnell wächst, erscheinen auch mit schnell merklicher Veränderung die Gegenstände immer höher hinaufrückend, wenn man sie so, wie in Fig. 15 mit einem nahen Gegenstande vergleicht.

* * *

Ich habe bisher nur Beobachtungen erzählt, und nur von ferne angedeutet, wie sie in Verbindung mit einander stehen und endlich zur Erklärung leiten; jetzt werde ich einen Versuch machen, die Ursache aller dieser Erscheinungen genauer anzugeben. Alle sind bloße Folgen der Strahlenbrechung, die bald stärker bald schwächer, manchmal ungleich stark in verschiedenen Höhen, uns die Gegenstände bald so, bald anders zeigt.

Es ist, glaube ich, bekannt, daß der von irgend

einem Gegenstande ausgehende Lichtstrahl geradlinigt fortgeht, so lange er überall in einer gleich dichten Masse bleibt. Geht er in eine Materie von größerer oder geringerer Dichtigkeit über, so weicht er von diesem geraden Wege ab, oder wird gebrochen, und diese Brechung geschieht allemal so, daß er unter einem größern Neigungswinkel, als der ursprüngliche war, in das dichtere Fluidum eindringt, und dagegen sich mehr gegen die Oberfläche hält, als es seine vorherige Richtung erforderte, wenn er in eine dünnere Materie eindringt. Vermöge dieser Brechung geht der Lichtstrahl selten in der Luft gerade fort, weil selten die Luft an allen Stellen gleich dicht ist. Wenn die Wärme der Luft überall gleich ist, so sind die untern Luftschichten nur wenig dichter, als die 20 oder 30 Fuß höhern, weil sie bloß wegen des stärkern Druckes, den sie leiden, mehr zusammengepreßt sind; die Lichtstrahlen weichen also bei diesem Zustande der Luft nur wenig von ihrer Richtung ab, und der Weg des Lichtstrahls kehrt seine hohle Seite nach unten. Ist die Luft unten kälter, als oben, wie es nach heißen Sommertagen Abends der Fall ist, so wird hierdurch die obere Luft mehr verdünnt, die Krümmung der Lichtstrahlen nimmt stark zu, und derselbe Gegenstand erscheint uns folglich höher. Es bedarf nur eines Blicks auf die **16. Fig.** um dies sogleich zu übersehen. Ist dort **CBA** der gerade fortgehende Lichtstrahl, so stellt **CDA** den gebrochnen Lichtstrahl vor, und es ist einleuchtend, daß ein Auge **A** den Gegenstand **C** desto höher zu sehen glaubt, je stärker der Lichtstrahl gekrümmt ist; denn wir beurtheilen die Lage eines Gegenstandes aus der letzten Richtung des Lichtstrahls, mit welcher er unser Auge trifft, und sagen daher, der Punct **C** erscheine uns eben so hoch über **B**, als der Punct **E**; hieraus ist nun einleuchtend, daß die Gegenstände desto höher hinaufgerückt erscheinen müssen, je wärmer die obere Luft gegen die untere ist. Hiemit wäre also eine von den Erscheinungen erklärt, die wir an heitern stillen Abenden, die nach heißen Sommertagen folgen, bemerken; aber auch ein zweiter Umstand erklärt sich jetzt leicht. Ich habe mehrmal erwähnt, daß die Gegenstände, gerade dann, wenn sie sehr hoch hinaufgerückt sind, stark abgeplattet, gleichsam von oben nach unten zusammengedrückt erscheinen, wie **Fig. 13** es darstellt. Dieses rührt daher, daß die Zunahme der Dichtigkeit in den untersten Luftschichten am merklichsten ist, und daher die untern Theile des Hauses oder eines andern Gegenstandes viel stärker hinaufgerückt erscheinen, als die höhern, welches offenbar eine anscheinende Verkleinerung zur Folge haben muß. Auch der Umstand, daß man die entferntern Gegenstände oberhalb der nähern erblickt, und daher Dörfer hinter Dörfern gewahr wird, die sonst von den nächsten Gegenständen verdeckt wurden, ist jetzt völlig erklärt, weil der von entferntern Puncten kommende Lichtstrahl mehr gebrochen wird und daher mit stärkerer Krümmung oberhalb der nähern weggeht. Gerade so wie **C** dem Beobachter in **A** oberhalb **B** erscheint, so sieht er wieder oberhalb **C** die noch entferntern Gegenstände und dieses bis zu großen Entfernungen hin, wo freilich endlich die Krümmung der Erde zu erheblich wird, und die allzu entfernten Gegenstände demnach verbirgt.

Ich sollte jetzt zur Erklärung der mit einer so starken Hebung der Gegenstände oft verbundenen Erscheinung übergehen, die wir eine Spiegelung oberwärts genannt haben und die in **Fig. 13** dargestellt ist; aber ich sehe sehr wohl ein, daß diese Erklärung hier nur angedeutet, nicht ausgeführt werden kann. Auch diese Erscheinung ist eine bloße Folge der sehr starken Strahlenbrechung. Wenn man einen Gegenstand doppelt sieht, so kömmt das allemal daher, weil von demselben Puncte des Gegenstandes mehrere Lichtstrahlen in's Auge kommen. *) So sehen wir z. B. einen Gegenstand zugleich nach gerader Richtung und im Spiegel, weil der Spiegel uns außer dem in gerader Richtung zu uns kommenden Lichtstrahl noch den zusendet, der auf den Spiegel fällt. Erscheint das Bild des Gegenstandes uns so, daß das oben erscheint, was wirklich oben ist, so gehen die Lichtstrahlen, welche von verschiedenen Puncten hervorkommen, so neben einander hin, daß die letzte Richtung des von einem höhern Puncte kommenden Lichtstrahles, die Richtung nämlich, mit welcher er das

*) Ein Fall, der nicht hieher gehört, ist der, wo man das Auge seitwärts drückt und deshalb doppelt sieht. Hiemit gehört manches krankhafte Doppeltsehn zusammen, welches daher rührt, daß die Eindrücke beider Augen getrennt empfunden werden.

Auge trifft, oberhalb der letzten Richtung des Lichtstrahls liegt, welcher von einem niedrigern Puncte kömmt. Sieht man dagegen ein umgekehrtes Bild des Gegenstandes, so entsteht das gewiß aus Strahlen, die von verschiedenen Puncten ausgehend, sich durchkreuzen ehe sie zum Auge gelangen, und die nun das Auge so erreichen, daß der Lichtstrahl, welcher vom untern Puncte ausging, oberhalb liegt. Aus diesen Betrachtungen wird sich ohngefähr übersehen lassen, was sich bei der Spiegelung oberwärts ereignet. Wegen der starken Brechung, welche die Lichtstrahlen in den immer dünnern Luftschichten leiden, ist es möglich, daß ein aufwärts gehender Lichtstrahl CM (Fig. 17) in die horizontale Richtung MN gebrochen wird und wenn er diese erreicht hat, so geht er in einer krummen Linie, die der MC ganz gleich ist, wieder herabwärts nach A; hieraus erhellt, wie ein Punct C uns durch einen zweiten Lichtstrahl sichtbar wird und daher doppelt erscheint. Nun müßte ich freilich zeigen, warum der von einem niedrigen Puncte P kommende Lichtstrahl einen Weg ungefähr wie PQA nehmen kann und folglich dem in A stehenden Auge oberhalb des Punctes C erscheint; aber dieses hier zu entwickeln, würde mich zu weit führen. Wenn die Spiegelung oberwärts möglich sein soll; so muß wahrscheinlich die Luft in der Gegend MNQ ganz vorzüglich erhitzt und verdünnt sein, und dieses scheint nur unter ganz besondern Umständen Statt zu finden. Vielleicht treten diese Umstände über einer Erdfläche selten oder nie ein, und daher mag es rühren, daß noch kein mir bekannter Beobachter diese Spiegelung oberwärts auf dem Lande mit Sicherheit gesehen hat. Jene Erhitzung einer so hoch liegenden Luftschichte scheint sich selten weit zu erstrecken. Bei meinen Beobachtungen wenigstens waren nie die Gegenstände, die jenseit der Jahde lagen, zu einer Zeit alle abgespiegelt, sondern eine kleine Gegend zeigte sich jetzt, eine andere vielleicht nach einer halben Stunde so, wodurch ich mich mehrmals veranlaßt gefunden habe, mir die Gegend der Luft, wo diese Erhitzung Statt fand, eben so begränzt, vielleicht auch auf ähnliche Weise fortrückend zu denken, wie eine Wolke. Vielleicht wäre es nicht unmöglich, auf Schiffen diese Erhitzung wahrzunehmen, wenn man an Tagen, die diesem Phänomen günstig sind, an der Spitze des Mastes ein Thermometer beobachtete, und diese merkwürdige Erscheinung verdiente es wohl, daß man an einem Orte, wo mehrere Schiffe in dem Raume von drei oder vier Quadratmeilen zerstreut liegen, einen günstigen Zeitpunct zu diesen Beobachtungen zu benutzen suchte. Gewiß ist es, daß die Luft in der Höhe zuweilen überaus warm ist. Laperouse erzählt einen solchen Fall, da man im Mastkorbe eine unerträgliche Hitze empfand, während auf dem Verdecke des Schiffes eine mäßige Wärme von 14 Grad Statt fand. Laperouse machte die Beobachtung bei Nacht im chinesischen Meere, freilich ohne etwas von unserm Phänomen zu wissen; aber er bemerkt, daß diese Hitze der obern Luftschichten Vorbote eines stürmischen Wetters war, und gerade trifft auch dies bei der Spiegelung oberwärts zu, daß sie Vorbote von Gewittern zu sein pflegt, auf welche wenigstens gewöhnlich rauhes Wetter, und nicht selten wirklicher Sturm folgt.

Ueber die Entstehung des dritten Bildes, welches sich (Fig. 13) aufrecht oberhalb des umgekehrten Bildes zu zeigen pflegt, will ich nichts weiter sagen; ich habe an einem andern Orte *) die Umstände angegeben, worauf wahrscheinlich die Entstehung der ganzen Erscheinung beruht, und kann es daher denjenigen Lesern, die eine geometrische Erörterung lesen mögen, überlassen, dort zu suchen, was hier zu umständlich sein würde.

Vollständiger und sicherer zugleich kann ich die Spiegelung unterwärts erklären und darin liegt denn zugleich noch manche Aufhellung über das, was zur Erklärung des eben betrachteten Phänomens dient. — Bei der Spiegelung unterwärts wissen wir es ganz bestimmt, daß unmittelbar an der Erdoberfläche eine überaus erhitzte und folglich verdünnte Luft liegt und daß in vier oder fünf Fuß Höhe die Luft auch noch wohl dünner ist als in etwas größern Höhen, aber doch nicht mit so schnell zunehmender Ungleichheit der Schichten, als ganz nahe an der Erde. Aus diesen Umständen erhellt es, daß (Fig. 18) außer dem wenig gekrümmten Lichtstrahle **C B A** noch ein zweiter Lichtstrahl von demselben Puncte **C** ins Auge **A** gelangen kann; denn der nach **C D** gehende Licht-

*) Beobachtungen über die Strahlenbrechung. Oldenburg 1807.

strahl kann die horizontale Richtung erhalten (wie hier bei E) und geht dann in einer gleichen Bahn aufwärts, wie die war, in welcher er nach C D E herabwärts ging. So erhellt die Möglichkeit, daß das Auge A den Punct C zweimal sieht, nach der Richtung AB und nach der Richtung A E. Aber hier läßt sich nun auch zeigen, wie ein zweiter unterhalb C liegender Punct F gesehen wird. Der beinahe gerade Lichtstrahl F A gelangt durch Luftschichten von beinahe gleicher Dichtigkeit zum Auge und zeigt dem Auge A den Punct F in seiner natürlichen Lage, unterhalb C; aber auch von F kommt ein zweiter stark gebrochener Strahl F G A zum Auge, und dieser liegt bei A oberhalb des von C kommenden Strahles C D E A. Es ist nämlich leicht zu übersehen, daß unter den von F ausgehenden Lichtstrahlen einer sein wird, dessen Richtung F H parallel mit derjenigen Richtung ist, die der Strahl C D in I, in eben der horizontalen Schichte, wo F liegt, erreicht hatte. Dieser Strahl wird ganz ähnlich wie I E A gebrochen, und sein niedrigster Punct liegt um die ganze Entfernung I F von E entfernt, und eben so liegt der Punct K, wo dieser Strahl die Höhe des Auges erreicht, eben so weit von A entfernt, als F von I entfernt ist; dieser Strahl geht also oberhalb A weg, und gelangt nicht zum Auge A. Dagegen hat ein weniger als F H gegen den Horizont geneigter Strahl F L seinen niedrigsten Punct in einer Schichte, die höher als E liegt, und unter diesen oberhalb F H liegenden Strahlen giebt es einen, der wie F L M N A das Auge des Beobachters trifft; aber von diesem Lichtstrahle ist es leicht zu zeigen, daß er den **C D E A** schneiden muß, und daß die letzte Richtung **A N** oberhalb **A E** liegen muß, weil **N** höher als **E** liegt; und hier erscheint folglich **F** oberhalb **C** und der ganze Gegenstand umgekehrt.

Diese Ueberlegungen zeigen auch, warum bei diesem Zustande der Luft die niedrigsten Gegenstände gar nicht gesehen, sondern von dem umgekehrten Bilde gleichsam verdeckt werden. Ein solcher Punct **Q** nämlich liegt selbst in den stark brechenden Schichten und selbst der nach horizontaler Richtung ausgehende Strahl **Q R** geht nach **V** zu, über **A** weg; der Strahl hingegen **Q S**, welcher nach **A** gelangen könnte, trifft in **T** die Erdfläche, und wird daher gehindert nach **S** und so zum Auge zu gelangen, und aus diesem Grunde kömmt von **Q** gar kein Lichtstrahl zum Auge oder **Q** wird gar nicht gesehen. Auf einem ähnlichen Grunde beruht es, daß Puncte, die hoch über **C** liegen, im gespiegelten Bilde nicht mehr erscheinen. Der niedrigste Punct des zum Auge gelangenden Strahls liegt, wie schon oben erhellte, desto niedriger, je höher der Punct liegt, von welchem der Strahl ausgeht; für sehr hohe Puncte müßte also der niedrigste Punct unterhalb der Erdoberfläche liegen; aber da diese den Lauf des Strahles unterbricht, so gelangt er nicht zum Auge, das heißt, jener hohe Punct wird im gespiegelten Bilde nicht gesehen, weil ein dazwischenliegender Gegenstand, die Oberfläche der Erde selbst, ihn verdeckt.

Diese Erorterungen werden hinreichend sein, um zu zeigen, wie die ungewöhnliche Strahlenbrechung alle jene Erscheinungen erklärt; und obgleich wir nicht im Stande sind, über die Phänomene der Fata Morgana eben so vollständig Auskunft zu geben, so ist es doch mehr als wahrscheinlich, daß auch dort mehrfache und entstellte Bilder wirklicher Gegenstände das darstellen, was Beobachter, die mehr Einbildungskraft, als ruhige Beobachtungsgabe besaßen, uns als Zauberbilder beschreiben. Vollständige Beobachtungen werden auch hier, wie bei allen Naturerscheinungen, das Räthsel ganz lösen und dem Beobachter den doppelten Genuß gewähren, zuerst in dem Reize dieser zauberischen Gebilde sich zu verlieren, und dann sich der Erkenntniß zu freuen, die jede vereinzelt dastehende Erscheinung an das Verwandte zu knüpfen und auf die einfachsten Gesetze zurückzuführen weiß. Oder wird uns durch dieses Entdecken der Ursachen etwa der erste Genuß geraubt? — wird die Freude an den Pallästen der Fee untergehen in der Berechnung der Strahlenbrechung, die uns so täuschende Bilder zeigt? — O, nein! — Für den Menschen, der die Kindlichkeit des Gemüths bewahrt, während er seinen Verstand täglich vollkommner bildet, bleibt die Natur „die heitre Welt der Wunder, die dem entzückten Herzen Antwort giebt“ — und von der ernsten Betrachtung ihrer Gesetze, von der Berechnung ihrer Wirkungen kehrt er zurück, um sich ihrer zu freuen, und seine kalte Weisheit zu vergessen.

Brewster, Dr. Sir David,

Sir Isaak Newton's Leben,

nebst einer Darstellung seiner Entdeckungen. Uebersetzt von B. M. Goldberg, und mit Anmerkungen vom Professor H. W. Brandes. Mit Newtons Portrait und 1 Kupfertafel in Quer=Fol. gr. 8. 23 Bogen, Velinpapier, brochirt 2 Thlr.

Lucretius Carus, T.,

von der Natur der Dinge.

Uebersetzt von K. L. von Knebel. Zweite vermehrte und verbesserte Auflage. Breit. gr. 8. 20½ Bogen. Druckpapier 1 Thlr. 8 Gr.

Velinpapier 1 Thlr. 18 Gr.

Pölitz, Geh. Kirchenrath, Ritter, Professor K. H. L.,

Vermischte Schriften

aus den Kreisen der Geschichte, der Staatskunst und der Literatur überhaupt. 2 Bände. gr. 8. 50½ Bogen.

Druckp. 3 Thlr. 18 Gr.

Schreibp. 4 Thlr. 12 Gr.

Velinpap. 5 Thlr.

Schwarz, Geh. Kirchenrath, Ritter, Prof. Dr. Fr. H. Ch.,

Erziehungslehre.

3 Bände in 4 Abtheilungen. gr. 8. 132 Bogen.

Druckpapier 8 Thlr.

Schreibpap. 10 Thlr.

Velinpapier 15 Thlr.

Schwarz, Geh. Kirchenrath, Ritter, Prof. Dr. Fr. H. Ch.,

Darstellungen

aus dem Gebiete der Pädagogik. Herausgegeben und zum Theil selbst verfaßt. Als Nachträge zur Erziehungslehre. Zwei Bände. gr. 8. Druckpapier 4 Thlr.
Velinpapier 6 Thlr.

Schwarz, Geh. Kirchenrath, Ritter, Prof. Dr. Fr. H. Ch.,

Die Schulen.

Die verschiedenen Arten der Schulen, ihre inneren und äußeren Verhältnisse und ihre Bestimmung in dem Entwickelungsgange der Menschheit. Zur Vollständigkeit der Erziehungslehre. gr. 8. 29³ Bogen. Druckp. 2 Thlr. 6 Gr.
Schreibp. 3 Thlr.
Velinp. 4 Thlr. 12 Gr.

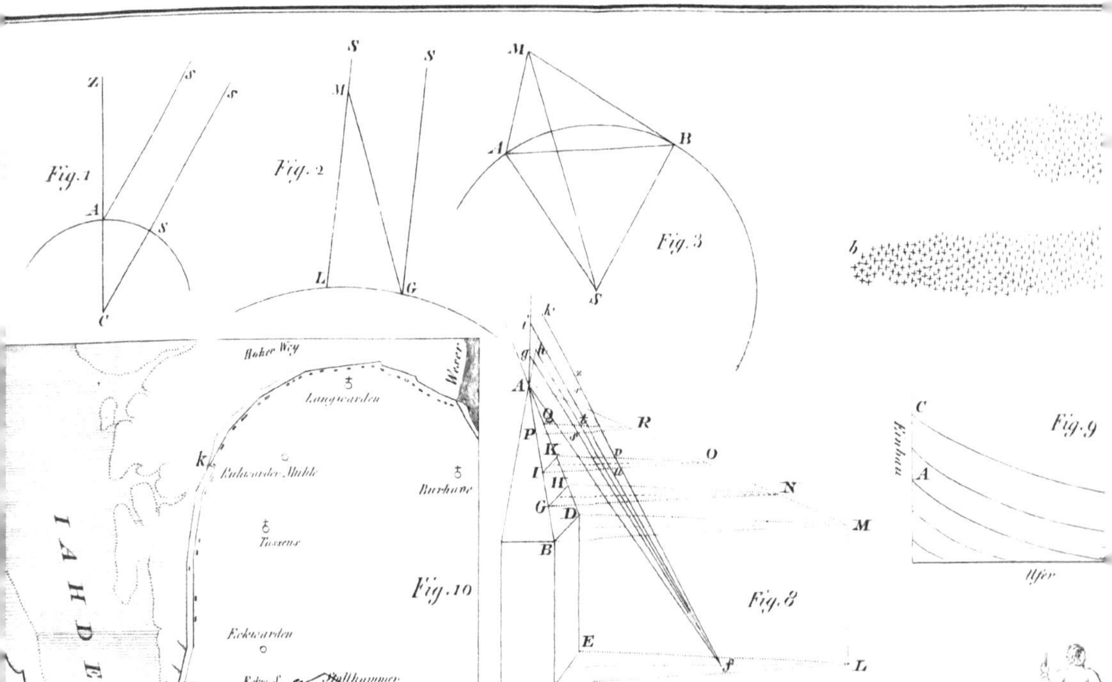
Fig. 1
Fig. 2
Fig. 3
Fig. 8
Fig. 9
Einbau
Ufer
Fig. 10
Hoher Weg
Langwarden
Weser
Eckwarder Mühle
Burhave
Tossens
IAHDE
Eckwarden
Gr. Wührden
Eckw. S.
Hollhammer Siel
Ahne
Welle
Ober
Ahnische
Mele
Felder
Hoben Brake
Schweiburger Siel
Vareler Siel
Wapeler und Iahder Siel
20000 Fuss
Fig. 11
Fig. 12.a
Fig. 12.b
Fig. 13.
Fig. 13.

4

Fig. 6

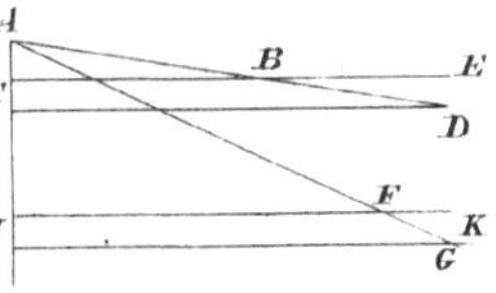

Fig. 5

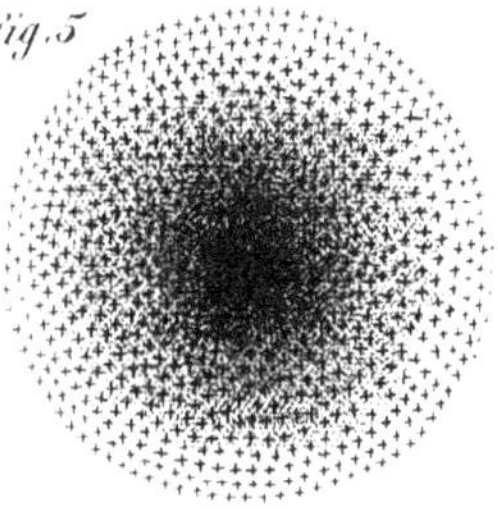

Fig. 7

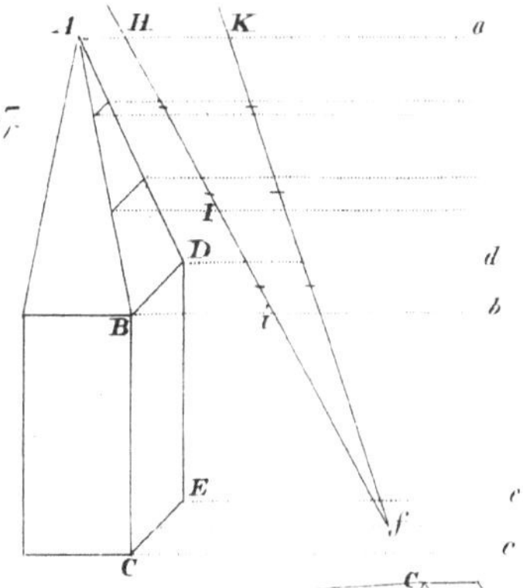

Fig. 14

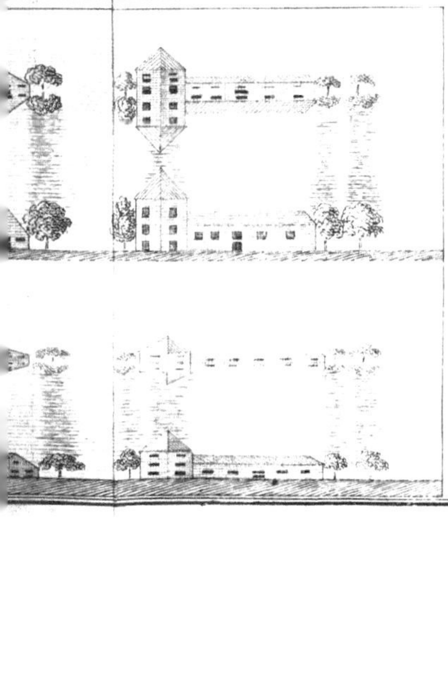

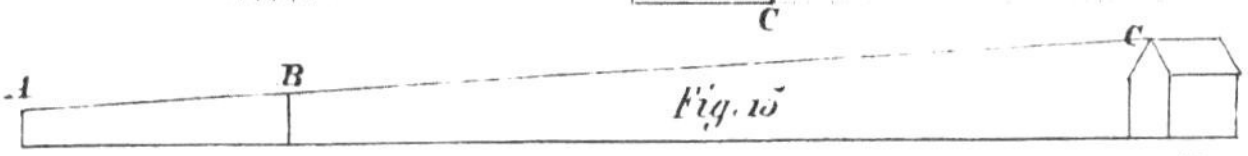

Fig. 15

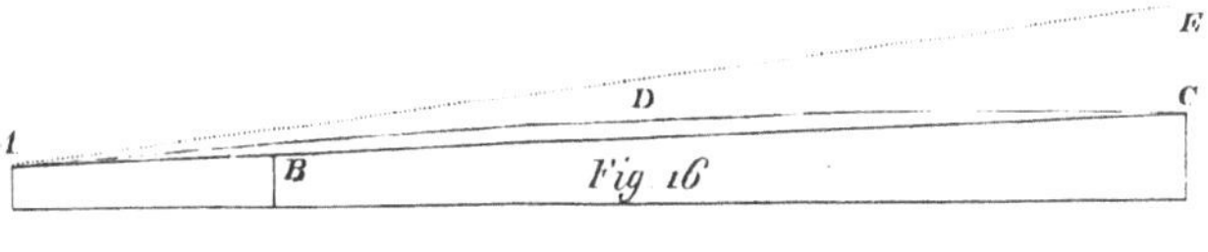

Fig. 16

Fig. 17

Fig. 18

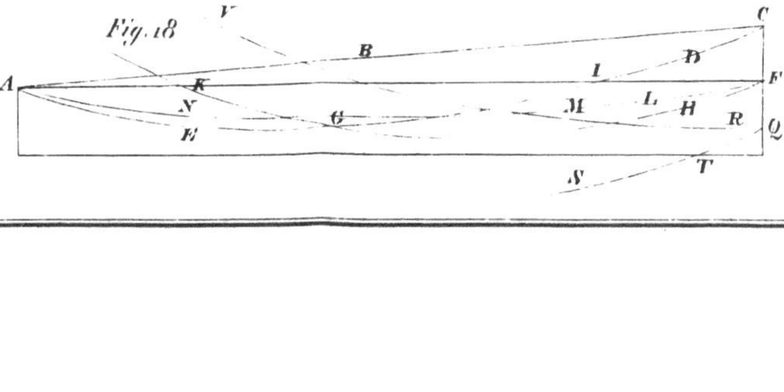

FSC
www.fsc.org
MIX
Papier | Fördert gute Waldnutzung
FSC® C083411

Kolibri 360 GmbH
Ferdinand-Jühlke-Straße 7
99095 Erfurt, Deutschland
produktsicherheit@kolibri360.de